The Belt and Road

中 国 土 木 工 程 学 会
中 国 建 筑 业 协 会　联合策划
中国施工企业管理协会

"一带一路"上的中国建造丛书
China-built Projects along the Belt and Road

Hello to Nigeria from Cement Plant：

Nigeria EDO2 Cement Production Line Project

李　明　荣亚坤　主编

水泥『尼好』
——尼日利亚 EDO2水泥生产线建设项目

中国建筑工业出版社

专家委员会

丛书编委会

丛书编委会办公室

本书编委会

主　　编：李　明　　荣亚坤

副 主 编：田　宝　　杨学伟　　耿锋涛　　顾进军

参编人员：于校平　　王大坤　　李岁柱　　李永亮

　　　　　　安龙敏　　张瑞春　　张　林　　赵春雨

　　　　　　赵新涛　　昝龙生　　耿　静

前 言

当前，国际环境日趋复杂，各种不稳定性和不确定性明显增加，世界格局正在发生深刻变化。由于新冠疫情在世界范围内大流行，全球经济陷入低迷，国际贸易和投资日渐萎缩，人员、货物流动受阻，单边主义、保护主义上升，逆全球化趋势加剧，中国对外直接投资及对外承包工程所面临的风险和挑战前所未有。

以习近平新时代中国特色社会主义思想为指导，商务部鼓励有条件、有国际竞争力的企业创新对外投资方式，推动企业走出去高质量发展。2020年，中国对外全行业直接投资1329.4亿美元，对外承包工程完成营业额1559.4亿美元，情况好于预期。中国企业克服困难，砥砺前行，"走出去"取得显著经济效益和社会效益，与东道国实现互利共赢、共同发展，为高质量共建"一带一路"作出了积极贡献。

为更好地帮助企业了解和熟悉尼日利亚的营商环境，有效防范化解各类风险，在中国施工企业管理协会、中国建筑业协会、中国土木工程学会、中国建筑出版传媒有限公司的鼎力支持下，中材建设有限公司承建的"尼日利亚EDO2线日产6000吨熟料水泥生产线总承包项目"被遴选为"'一带一路'上的中国建造丛书"中的工业项目之一，该项目是从2013年以来获得"国家优质工程奖"的境外工程中优中选优，脱颖而出。项目采用中国标准设计和施工，经济效益、社会效益显著。

本书编写的内容主要包括项目的简介、尼日利亚国家概况、工程建设的主要内容、合作共赢及愿景。书中对尼日利亚的宏观经济形势、法律法规、经贸政策、营商环境等走出去企业关心的事项都有比较详细的介绍，特别是分析了对外承包工程方面要注意的相关风险。

希望本书的出版对有意"走出去"、开展对外投资合作和工程承包的企业有所帮助，也欢迎社会各界批评指正，提出宝贵意见。我们将立足新发展阶段、贯彻新发展理念、构建新发展格局，统筹发展与安全，更加精准有效地为"走出去"企业提供有力的帮助，助力企业"走出去"且行稳致远。

Preface

At present, the international environment is becoming increasingly complex, the instability and uncertainty are obviously increasing, and the world structure is undergoing profound changes. Due to the worldwide pandemic of COVID-19, the global economy has fallen into a downturn, international trade and investment have shrunk, the flow of people and goods has been blocked, unilateralism and protectionism have risen, and the trend of anti-globalization has intensified. China's foreign direct investment and foreign contracting projects are facing the risks and challenges which are unprecedented.

Guided by Xi Jinping Thought on Socialism with Chinese Characteristics for a New Era, the Ministry of Commerce encourages qualified and internationally competitive enterprises to innovate China's foreign investment ways and achieve high-quality development.In 2020, China's foreign direct investment in the whole industry will reach 132.94 billion US dollars, and the turnover of foreign contracted projects will reach 155.94 billion US dollars, which is better than expected. Chinese enterprises have overcome difficulties, forged ahead, achieved significant economic and social benefits by going global, achieved mutual benefit, win-win and common development with the host country, and made positive contributions to the high-quality co-construction of the "the Belt and Road".

In order to better help companies understand and familiarize themselves with Nigeria's business environment, and effectively prevent and resolve various risks, with the strong support of China Construction Enterprise Management Association, China Construction Industry Association, China Civil Engineering Society, and China Construction Publishing & Media Co., Ltd. The "Nigeria EDO Line two 6000TPD Clinker Cement Production Line EPC Project" constructed by CBMI Construction Co., Ltd. was selected as one of the industrial projects in the "the Belt and Road" China Construction Series. The project was from 2013 since then, the overseas projects that have won the "National Quality Project Award" have been selected among the best, and have stood out. The project is designed and constructed according to Chinese standards. The economic and social benefits are significant.

The content of this book mainly includes the brief introduction of the project, Nigeria's national profile, the main content of project construction, win-win cooperation and vision. This book gives a detailed introduction to Nigeria's macro-economic situation, laws and regulations, economic and trade policies, business environment and other matters concerned by the going global enterprises. In particular, it analyzes the relevant risks that should be paid attention to in the aspect of foreign contracting projects.

It is hoped that the "China Construction Series on the Belt and Road" will be helpful to enterprises that intend to go global, carry out foreign investment cooperation and project contracting, and welcome criticisms and corrections from all walks of life, as well as valuable opinions. We will base ourselves on the new development stage, implement new development concepts, build a new development pattern, coordinate development and safety, and innovate the compilation of the "Belt and Road" China Construction Series, so as to provide more accurate and effective assistance to enterprises going global. Help enterprises to go global and be stable and long-term.

目　录

Contents

第一篇

综　述

尼日利亚EDO2线日产6000t熟料水泥生产线总承包项目，是中材建设有限公司在高质量完成BUA集团EDO1线日产6000t熟料水泥生产线安装工程的基础上，业主方对我公司在项目履约过程中的质量、工期、安全、成本各方面表现非常满意的前提下，再一次地精诚合作。

本篇主要对项目做了全面介绍，对尼日利亚国家概况进行了简单介绍，也对这个项目的成果及意义进行了解读。

Nigeria EDO line two 6000 TPD clinker cement production line EPC project is based on the high-quality completion of the installation of the 6000TPD clinker cement production line of the BUA Group's EDO line one. Under the premise that the quality, construction period, safety and cost of the company are very satisfied, we will cooperate sincerely again.

This article mainly introduces the basic situation of the project, gives a brief introduction to Nigeria, and interprets the achievements and significance of the project.

Part I

Brief Content

第一章 项目简介
Chapter 1 Project Introduction

（一）项目情况

项目名称：尼日利亚EDO2线日产6000t熟料水泥生产线总承包项目。

项目地理位置：项目地理位置坐标为 7°21'26.18"N,6°24'4.88"E。地处尼日利亚中部 EDO州北部，位于阿布贾以南220km，拉各斯以东345km。距离东部Lagos港大约450km，距离南部Warri港大约230km。

气候条件：最低0℃，最高+35℃；相对湿度：平均90%，最高100%；降雨量：年降雨量2007mm。

（二）项目特点

EDO2线是由尼日利亚私人企业BUA集团投资建设，由中材建设有限公司以EPC总承包方式承建。生产线设计能力为日产熟料6000t，年产水泥250万t，如图1-1所示。

整条生产线设计均采用中国标准，业主委托第三方欧洲咨询公司工程师对技术方案和图纸做审核确认。

此项目属于技改扩建项目，原有相同能力的一线是由世界知名水泥总承包商丹麦FLS史密斯集团承建。借鉴一线的成功经验，解决一线遗留的设计问题，通过应用中国水泥工艺前沿设计理念（科学、先进、实用、经济）、严把设计质量关口、合理控制工程量等一系列措施，本项目全面超越一线各项指标，成功为业主提供了一条性能可靠、运行稳定、操作数智、节能环保的生产线。中材建设有限公司由此取得业主信任，在获得持续订单的同时，也扩大了中国技术装备在非洲的影响力，成为中尼合作的成功典范。

项目采用干法水泥生产工艺，其中回转窑、预热器等主机设备由中材建设有限公司研发设计和供货，立磨和冷却机由业主BUA集团推荐欧洲进口，其他辅机等全部采用先进的国产装备，例如燃烧器采用了多燃料适应系统的设计（天然气、重油），为项目运转的可靠性和适应性提供了保障；在线维护多箱脉冲布袋收尘系统，原料在线分析系统，模块化液压篦式冷却机，原料自动取样、包装自动上袋、现场集中总线信号采集传输系统等一批代表当今最先进的水泥工艺和设备的应用是项目工艺先进自动化程度高的体现；设计选型过程中通过风险分析充分考虑设备的运转、维护、应急

图1-1　尼日利亚EDO2线项目全景

通道和检修空间，并与业主工程师充分沟通交流，严格执行总承包合同和设计规范要求，采取有效措施控制设备的噪声、降低粉尘排放量，营造绿色、安全、健康的生产环境；在新线与老线存在部分接口问题上，与业主工程师充分沟通改造方案，制定设计和施工预案，对老线正常生产的影响降低到最低限度；项目执行全过程充分发挥了中国总承包商资源整合能力，实现了项目的先进性、可靠性、经济性的完美结合。

（三）项目范围

该项目为完整的EPC总承包项目，是涵盖工程设计、机械设备供货、土建及结构工程、机械设备安装、公用系统设备供货及安装、电气&自动化设备供货及安装、自动取样设备供货及安装、培训、试生产、性能测试及移交等完整的EPC交钥匙工程，工程范围涉及从矿山破碎直到水泥发运，如图1-2所示。工程不含煤磨、自备电厂、实验室及设备、水泥散装、厂区绿化、堆场部分围墙，CCR设施在现有中控室进行布置；另外附属民用建筑不含装修、设备及家具等供货；为业主在生活区按照核定标准规划新建30套150m²永久房屋，但是不含相关供电、供水、排水系统。公用系统包括道路、围

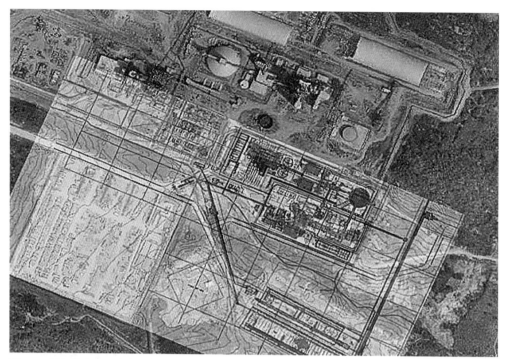

图1-2　尼日利亚EDO2线项目总图布置

墙、雨水排水系统，暖通、空调系统，工业用水（循环水、工艺水、消防水系统）和生活用水系统，污水处理系统；空压机站及空气管网；油路系统及天然气系统；耐火材料库、备品备件库、办公室、更衣室、浴室、现场卫生间等附属设施。全厂的配电来自于自备电厂（2线将扩建发电机组，与1期发电机组实现并网）和应急发电机组。电厂提供三路11kV的电力至厂区的总配电站母线，总配电站给全厂设备供电；厂区有1台柴油应急发电机组（1600kVA备用容量）；对于矿山，业主将从电厂引一路11kV电力沿长皮带廊道引到矿山破碎电气室。原水来自于业主现有的原水池，本项目的施工用水取水管与现有的原水池预留法兰连接。燃料主要使用天然气、重油，天然气管网通过一级减压站（业主范围）进入厂区，压力为16bar，从减压站至各个用气点阀架的管道属于业主范围，阀架及出口管道在总包范围内；重油使用1线现有的重油储罐。原料配料为石灰石、红土、铁粉；水泥配料为熟料、高品质石灰石、天然石膏。

（四）投资方简介

BUA集团是尼日利亚集食品、建材等行业于一身的大型综合性集团企业。该企业成立于1988年，总部位于拉各斯。其经营范围包括食品、建材、钢铁、物流等，食品板块有面粉、大米、糖类、食用油的全产业链；建材板块有SOKOTO1600t/d老水泥厂及中材建设有限公司承建的3300t/d新水泥厂，OBU水泥公司EDO水泥厂老线（已停）及6000t/d1线。此外，该集团拥有自己的运输港口及船队，其在尼日利亚房地产、钢铁业也占有一席之地。

（五）总承包方简介

中材建设有限公司（图1-3），隶属于中国建材集团有限公司（世界500强企业，年营业额500亿美元）旗下的中国中材国际工程股份有限公司，成立于1959年。中材建设有限公司始终以打造国际工程服务标杆企业为目标，在多个工业领域为客户提供优质工程服务，积极参与"一带一路"建设。目前，公司已在世界37个国家承建了150余个工程项目，被誉为可信赖的国际工程合作伙伴。

中材建设有限公司业务遍布全球，是中国工程建设行业"走出去"战略和EPC+M总承包模式的先行者和领军企业。公司具有在全球同时开展超30亿美元投资额，20多个项目建设的能力。

作为全球工程建设的服务商，中材建设有限公司始终以诚信的理念、务实的作风和科学的管理，持续创新、热忱服务，努力建设精品工程，实现业主投资价值最大化。

中材建设有限公司的发展定位：坚持"创新型、国际型、价值型"的企业定位，以"工程承包为主导业务，大力推进相关多元发展，现在已形成水泥工程、多元工程、产

图1-3　中材建设有限公司北京总部

业发展三足鼎立"的业务格局。以"科技创新和管理创新为手段，努力把企业建设成为规模适度、效益一流、事业有成、待遇优越、受人尊重"的国际一流工业工程公司。

（六）项目履约

该项目通过激烈的国际竞标及多轮谈判，最终获得总承包合同。项目于2015年8月25日签约，2016年2月16日生效，2018年12月10日回转窑点火投产，较业主约定工期提前20天。

2019年5月15日实现PAC验收和工程移交。2020年6月4日获得业主签发的FAC证书，最终验收证书的取得意味着项目完美收官。同时以项目合作为基础，公司取得了BUA集团水泥生产运营和矿山运营合同，实现了双方稳定的EPC+S的长期深度合作。

（七）项目投资

目前，基于尼日利亚本土对水泥需求的持续增长，BUA集团逐步加大了水泥板块的投资。另外，尼日利亚联邦政府禁止从外国进口水泥，呼吁水泥生产商降低商品价格，以便改善当地各种基础设施项目的供应量。尼日利亚副总统耶米·奥辛巴乔认为，如果通过混凝土道路建设和当地生产商之间的合作来促进人均消费量，水泥价格可能会更便宜。2017年7月尼日利亚副总统耶米·奥辛巴乔在索科托洲由中材建设有限公司承建的BUA水泥厂SOKOTO2线落成典礼上说："目前，尼日利亚每年生产超过4000万t水泥，比非洲其他任何国家都多。尼日利亚水泥市场规模大，城市化率高达3.5%。据统计，目前，尼日利亚最低人均水泥消费量虽然达到了125kg，但远远低于全球人均水泥消费量的500kg，住房赤字大约为1700万，这两大原因是尼日利亚水泥行业增长的关键"。

虽然尼日利亚水泥行业目前面临着电力短缺、交通运输基础设施薄弱等诸多不利因素，但水泥具有基础建材属性，随着尼日利亚经济的高速增长，其仍然有很大的发展空间。

第二章　国家概况
Chapter 2　Country Profile

（一）国家位置

尼日利亚地处西非东南部，南濒大西洋几内亚湾，北邻尼日尔，西接贝宁，东靠喀麦隆，东北隔乍得湖与乍得相望。全国地形复杂多样，平原、河谷、低地、丘陵、盆地、洼地、高原和山地等地形兼而有之，地势北高南低。尼日利亚首都阿布贾属于东一时区，比北京时间晚7h。

（二）国土面积

尼日利亚国土面积92.38万km^2。

（三）国民经济

尼日利亚国民经济对石油产业过分依赖，很多地区存在不稳定因素，汇率潜在风险较大。2020年3月国际油价大跌后，奈拉兑美元官方汇率直接从307∶1跌至当时的380∶1。尼日利亚正大力扶持农业，加强石油、天然气、矿业等产业的发展和基础设施建设，积极争取外资、外援和债务减免。2019年，尼日利亚国内生产总值为144.12万亿奈拉（以年末官方汇率307∶1换算，约为4694.54亿美元），比上年增长2.27%。2020年由于全球新冠疫情的影响，实际增长率为-1.92%。

（四）语言

尼日利亚官方语言为英语。此外，尼日利亚全国还有500多种部族语言，其中最主要的3种语言分别为豪萨语、约鲁巴语和伊博语。

（五）人口

尼日利亚为非洲第一人口大国。尼日利亚人口分布不均衡，南部雨林区和北部草原

图2-1 阿布贾政府女子学校的孩子们

区人口较多，尤其是南部沿海地带和三角洲地区，其面积占国土面积的20%，却聚居着全国近一半的人口；中部地区人口相对稀少。人口分布比较集中的城市为拉各斯、卡诺、伊巴丹和首都阿布贾等。图2-1为阿布贾政府女子学校的孩子们。

当地华人约7万人，主要集中在拉各斯、卡诺、阿布贾等城市。

（六）环境

尼日利亚是不可分割的主权国家，实行三权分立的政治制度。立法权、司法权和行政权相互独立、相互制衡。根据尼日利亚1999年宪法，尼日利亚实行联邦制，设立联邦、州和地方三级政府。总统为最高行政长官，领导内阁；国民议会分参、众两院，是国家最高立法机构；最高法院为最高司法机构；总统、国民议会均由直接选举产生，总统任期4年，连任不得超过两届。

尼日利亚现任政府奉行广泛结好、积极参与国际事务、促进和平与合作的外交政策。主张各国相互尊重主权和领土完整，通过谈判解决争端，加强国际合作，促进世界和平，建立公正的国际政治经济秩序。积极推动西非地区经济一体化进程并参与联合国和非洲地区组织的维和行动，谋求发挥非洲大国作用。将经济外交作为优先发展方向，重视同西方国家及新兴大国保持友好合作关系。

（七）资源

1. 自然资源情况

尼日利亚自然资源丰富，已探明具有商业开采价值的矿产资源44种，主要有石油、天然气、煤、石灰石、大理石、铁矿、锌矿以及锡、铌、钽和铀等。尼日利亚是非洲第一大产油国、世界第十大石油生产国及第七大原油出口国，已探明的石油储量约370亿桶，居非洲第二位、世界第十一位，以目前产量计算，可继续开采50年。已探明的天然气储量达5.3万亿m^3，居非洲第一位、世界第十位，以目前产量计算，可继续开采上百年。已探明的高品位铁矿石储量约30亿t，天然沥青储量约840亿t，优质煤矿预测储量11.34亿t，是西非唯一的产煤国。其他矿产资源尚未得到大规模开采。

2. 非洲物流运输资源

非洲的物流运输资源情况，或者说前往非洲的物流链上存在的一些特殊情况，需要相关方给予重视。

（1）中转港口压港情况

从亚洲前往非洲这条航线上，主要有太平船务、南非海运、马士基等船公司运行。EDO2项目大部分集装箱货物的发货港口选择天津新港。集装箱从新港出港后，沿途向南航行，途径挂靠我国的主要沿海口岸。航行至新加坡需要转港换第二航程前往非洲航线的船只。新加坡港是亚洲集装箱中转前往非洲的主要港口之一。因亚洲对非洲进出口贸易量的激增，导致这条航线非常紧张，多批次的集装箱压港新加坡，不能及时换航第二程船，平均压港时间都在半个月以上，压港时间达到一个月的情况也经常发生，从而导致海运时间由平均一个月延长至一个半月还多。有时被滞压几批次的集装箱同时又被换到同一条船上进行第二程的运输，集中到达目的港，又会在目的港形成滞压。欠发达的非洲目的港在中转操作中"消化不良"，导致内陆运输压力加大，最终造成后续物流运输延误。

（2）非洲港口吞吐能力

非洲大部分港口吞吐能力十分有限。表现在港口的容积及泊位有限，例如港口正常容积为6000个标箱，如果集装箱集中到港，超出正常的容积和泊位，那么就可能造成压船等待等现象；也表现在散货码头作业面小、堆放场地小，短时间内卸船会导致散货在码头堆积如山，有时会迫使卸船工作不得不一再停止。

图2-2　当地民众及其服饰

（八）宗教信仰

尼日利亚主要宗教信仰有伊斯兰教、基督教和原始拜物教等。其中信奉伊斯兰教的人口约占全国人口的50%，信奉基督教的约占40%，信奉原始拜物教的约占10%。当地民众及其服饰如图2-2所示。

（九）工程建设管理体系

尼日利亚工程技术标准普遍使用的是英国标准。但是实践中，中国公司所承建的铁路项目引入了中国技术标准，中国公司承建的水泥厂全部使用的是中国技术标准。

第三章　项目意义

Chapter 3　Project Significance

（一）主要成果

　　BUA集团在EDO州建设的EDO2线水泥生产线是中材建设有限公司EDO1线安装工程和SOKOTO2线交钥匙工程结束后与业主的又一个成功合作典范。EDO2线6000t/d熟料水泥线建成后（图3-1），使BUA集团的水泥业务迈上新的台阶，水泥产能达到800万t/年，成为继非洲排名第一的DONGOTE集团和世界著名的建材生产商LAFARGEHOLCIM集团之后的尼日利亚第三大水泥巨头。

　　目前，中材建设有限公司正与BUA集团深入合作，预计未来将在尼日利亚新建4条水泥生产线。届时BUA集团的水泥产能达到2000万t/年，其在尼日利亚的水泥业务将会超越LAFARGEHOLCIM集团，成为尼日利亚第二大水泥生产商。

　　党的十九大报告提出"加快建设创新型国家"，明确"创新是引领发展的第一动力，是建设现代化经济体系的战略支撑"。中国特色社会主义迈入新时代，站在新的历史方位上，习近平总书记指出："惟改革者进、惟创新者强、惟改革创新者胜"。当今世界正处于大发展、大变革、大调整时期，机遇前所未有，挑战前所未有，机遇大于挑战。中国企业要因势利导、不断学习、积极创新，推动开放型经济，加快由要素驱动向创新驱动转变，由规模速度型向质量效益型转变，由成本、价格为优势向以技术、标准、品牌、质量服务为核心的综合竞争优势转变。创新驱动的第一动力在项目建设中也得以充分应用和体现，中国水泥建设标准在尼日利亚得以应用。工艺工法的改良及创新，新技术应用，节能减排创新，项目执行管理创新都在这个水泥项目的建设中大放光彩。

（二）政治意义

　　"一带一路"倡议和"走出去"战略，是增进各国之间理解信任、加强全方位沟通与交流的根本办法，更是实现我国经济与社会长远发展、促进与世界各国共同繁荣的有效途径。

　　大时代孕育大商机。中国建材集团有限公司全体建材人积极践行国家的"一带一路"倡议和"走出去"战略，于近年来承建了全球65%的水泥项目。对于中材建设有限公司来说，走出国门承接国际工程业务，既是公司发展的需要，也是对国家"走出去"

图3-1　尼日利亚EDO2线项目夜景

战略的有力实践。近几年，中材建设有限公司在全球建设了一批很有影响力的水泥项目，对于促进当地的经济发展，实现互联互通，互利共赢，推动企业的国际化管理水平，提高企业竞争力等都有很重要的现实意义。

（三）经济意义

水泥生产最主要的原材料是石灰石，项目所在地有丰富的石灰石矿山资源，还有黏土、页岩资源，也有充足的天然气供应和充足的土地供建设工厂使用。企业能充分利用当地的资源造福国家、社会、人民，企业也能从中获利加速成长壮大，这是一个双赢及多赢的局面。

1. 促进尼日利亚及当地税收

尼日利亚联邦政府负责增值税、公司所得税、预提所得税、个人所得税、石油利润税、资本利得税、教育税、印花税等税种的征收管理工作。

州政府负责征收其管辖区范围内的居民个人所得税、预提所得税（只限个人）、资本利得税（只限个人）、博彩税、公路税、市场税、企业经营场所注册费、发展费、道路冠名注册费、土地使用费等税费。

地方政府负责征收其管辖区范围内的店铺税、物业税、屠宰税、市场税（不含州政府收取的市场税）、土地使用费（联邦和州政府收取土地使用费以外的土地）、停车费、车辆违停罚款、酒类经营许可费、家畜许可证照费、宗教场所建设许可费、广告牌许可费、土葬许可费等税费。

2. 提高当地就业水平

此水泥生产线的建成直接或间接带动了当地约上万个就业岗位，这就意味着为上万个家庭提供了基本生活保障或改善了其基本生活条件。

3. 带动当地产业链发展

此水泥生产线建成后带动当地产业链及第三产业的发展，清关物流、餐饮、商品交易、进口、银行等各行各业直接或间接受益，为尼日利亚的基础设施建设提供了有力保障，也为推动当地工业化进程起了直接促进作用。

4. 促进当地经济指标提升

项目建成后促进尼日利亚GDP的提升及带动当地经济指标提升，促进整个尼日利亚国家的城市化进程。

5. 提高BUA集团的营收和利润水平

项目建成后BUA集团的营收有大幅提升，3年左右能收回投资成本，利润水平也将大幅提升，为其在市场上融资、做大做强增加了筹码。

（四）外交意义

"一带一路"倡议引起了国内及国外的高度关注和共鸣。

一是顺应了我国对外开放区域结构转型的需要。

二是顺应了中国要素流动转型和国际产业转移的需要。

三是顺应了中国与其他经济合作国家结构转变的需要。

四是顺应了国际经贸合作与经贸机制转型的需要。

第二篇

项目建设

尼日利亚EDO2线日产6000t熟料水泥生产线总承包项目，建设周期长达3年。面对当地传染病肆虐，治安环境差，多雨季节自然环境恶劣等不利条件，项目建设管理团队精心谋划，合理组织，积极施工。在工程建设过程中有多种新设备、新机具、新材料被采用。在土建及安装过程中采用了多种新型施工工法。

Nigeria EDO Line 2 general contract project of clinker cement production line with daily output of 6000 tons, construction period of 3 years.In the face of the local rainy season rainy adverse conditions for the construction of the project, infectious diseases and malaria in Africa and poor public security environment.Project construction management team carefully planned, reasonable organization, active construction.In the process of engineering construction, there are a variety of new equipment, new machinery and tools, new materials are adopted.In the process of civil construction and installation, a variety of new construction methods are adopted.

036-173

Part II

Project
Construction

第四章 工程概况
Chapter 4 Project Overview

第一节 工程建设组织模式

（一）工程项目建设实施总体组织模式

项目实施的总体组织模式如图4-1所示。

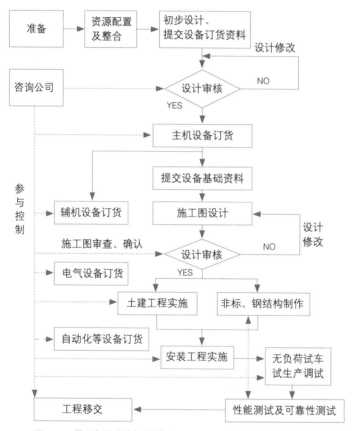

图4-1 项目实施总体组织模式图

（二）设计流程

本项目严格按照中材建设有限公司的质量控制文件进行设计管理，各专业指定专业负责人对本专业的图纸进行审核。各专业图纸必须在完成自校、互审、负责人核定批准后才能提交，对于重要车间和涉及重要工艺的图纸，如有必要组织进行会审或外审。各阶段设计反馈流程如下：

1. 提资

由设计者根据设计进度计划按设备种类进行提资并由各专业负责人进行汇总整理后提交，技术经理审核后按流程发给采购部门执行采购任务。

2. 设备资料查返

设备厂家提交的资料由各专业负责人负责发给相关设计者，并由设计者按照自己所属的工作范围进行图纸的查返确认，并将确认资料汇总到专业负责人，由专业负责人整理后递交技术经理，技术经理审核后将确认资料反馈给厂家并通知采购部。

3. 技术交流

技术经理通过定期的技术交流会和不定期的电话或邮件沟通，将业主的审核意见和其他意见传达给各专业负责人，由各专业负责人负责处理反馈业主的意见和要求；对于设计过程中遇到需要与业主沟通或确认的问题，由各专业负责人负责收集整理并及时地反馈给技术经理，由技术经理统一与业主进行交流、协调和沟通。

4. 图纸变更

遇到需要变更的图纸，须经专业负责人同意并提交技术经理审核通过后，按照技术中心规定的流程和格式提交变更。

（三）设计依据及技术标准

1. 一般原则

本项目各专业的图纸设计按照中国国家标准规范进行。特殊结构设计和材料的适用标准在与业主合同签订时已确定和商定。特殊荷载、温度峰值、地震情况、风的变化、临时应变、土壤条件等内容均由业主提供。

2. 设计依据（中国标准）

（1）《水泥厂设计规范》GB 50295-2016；

（2）《建筑结构荷载规范》GB 50009-2012；

（3）《建筑抗震设计规范（附条文说明）（2016年版）》GB 50011-2010；

（4）《烟囱工程技术标准》GB/T 50051-2021；

（5）《混凝土结构设计规范（2015年版）》GB 50010-2010；

（6）《建筑地基基础设计规范》GB 50007-2011；

（7）《钢结构设计标准（附条文说明[另册]）》GB 50017-2017；

（8）《钢筋混凝土筒仓设计标准》GB 50077-2017；

（9）《空间网格结构技术规程》JGJ 7-2010。

第二节 参建单位情况

（一）参建单位基本情况

尼日利亚EDO2日产6000t熟料水泥生产线总承包项目是由尼日利亚BUA集团投资建设，中国建材集团有限公司旗下的中材建设有限公司以EPC总承包方式承建，包括全厂设计、采购设备、结构制造、土建施工、机电设备安装、钢构安装、筑炉、保温、管道安装、调试及试生产等。各方面主体资料符合要求，相关手续齐备，工程建设程序合法。

中材建设有限公司以自有核心技术和装备为基础，整合全球行业内技术领先的生产工艺和设备，打造工艺技术先进、节能环保、自动化程度高的绿色环保精品工程为目标；凭借尼日利亚EDO一期安装项目的优良表现和较好的合作意识，以先进的技术方案和商务等综合优势顺利达成了EDO2线6000t/d熟料水泥线扩建EPC项目的再次合作。

中材建设有限公司作为EPC承包建设的总包单位，在国内寻找各分项工程的具有优秀资质的分包单位作为合作伙伴，意在不断开拓进取，精益求精，用更高的效率打造精品工程。各参建单位详细清单见表4-1。

EDO2水泥熟料生产线参建单位清单表　　　　　　表4-1

参建单位类别		参建单位名称
建设单位		尼日利亚 BUA 集团
设计单位		中材建设有限公司 & 苏州中材建筑建材设计研究院有限公司
施工单位（EPC 总包）		中材建设有限公司
分包单位	土建	江苏龙宇建设工程有限公司
		天津市志申达建筑安装有限公司
	预应力	江苏新筑预应力有限公司
	机械制作安装	上海华地建设工程有限公司
		邹城市安鼎建筑机电设备安装有限公司
		天津市三鼎建筑工程有限公司
		上饶市宏兴工程有限公司
	电气安装	邹城市安鼎建筑机电设备安装有限公司
	网架安装	江苏恒信网架安装有限公司
	喷砂防腐	武汉维治涂装工程有限公司

（二）参建单位施工资质

在国外进行施工的企业必须持有《施工企业对外承包工程资质证书》，对外派出的项目负责人必须具备相应的项目经理证书，技术负责人必须符合资质管理规定的要求。国外工程项目经商务部门或其授权单位批准（或签订合同）后，其出国实施单位应将有关资料报对外工程承包和建筑劳务合作领导小组办公室，经核查外出技术资质后，签发《国外承包工程任务书》或《国外分包工程（建筑劳务）任务单》，作为出国实施单位对外承包活动的技术文本。《国外承包工程任务书》和《国外分包工程（建筑劳务）任务单》由对外工程承包和建筑劳务合作领导小组办公室统一印制。

对外工程承包和建筑劳务合作领导小组办公室统一负责办理《国外承包工程任务书》和《国外分包工程（建筑劳务）任务单》，须办理任务书或任务单的出国实施单位应交验下列资料：

1. 经批准的国外项目合同（或协议）书副本（交复印件）和对外互利经济合作项目合同备案表（复印件）。

2.《施工企业对外承包工程资质证书》（原件）。

3. 出国法人委托代理人（项目经理）、技术负责人的委托文件、技术职称证件、项目经理证书。

4. 出国管理人员、工程技术人员名单、职称证件（复印件）以及出国人员花名册。

5. 分包工程或提供劳务的单位，还应提交与施工总包方签订的合同书（或与劳务输出单位签订的劳务合同书）。

《国外承包工程任务书》和《国外分包工程（建筑劳务）任务单》均一式五份，分别交对外工程承包和建筑劳务合作领导小组办公室、外事部门、商务部门、对外签约单位各一份，出国实施单位执一份。

第三节　当地生产资源概况

（一）供水供电情况

1. 供水情况

尼日利亚境内水资源丰富，就地理分布而言，南部为湿地，往北逐渐变为雨林、草原和半干旱地带；就气候而言，全年分为雨季和旱季，雨量分配不均，从北到南年平均降雨量为500～3000mm；河流众多，主要河流尼日尔河（1400km）和贝纽埃河

（800km）贯穿境内，河网纵横，北部的河流多为季节性河流。水文地质方面，全国60%的地质为水晶岩，40%为沉积物，全国大部分地区水质良好。

但长期以来，该国供水设施不足且落后，加之人口增长过快，全国大部分地区尤其是农村和小城镇，生活及生产用水均严重不足，人民基本的生活条件得不到满足，制约了当地经济的发展。根据联合国居民生活用水标准，全球最低标准为25L/（人·d），尼日利亚还远远未达到这一水平。民选政府自1999年执政以来，重视解决人民的生活用水问题，国家财政每年均拿出大量资金用于修筑水库、打井等工程，但国人可饮用水标准仍很低，这个问题在中、北部地区尤为突出；不仅如此，水污染严重，影响人民的身体健康，据统计，65%以上的疾病与此有关。

鉴于当地良好水资源获取条件苛刻，EDO2线项目部在员工生活区和施工场地自己租用设备钻井，且生活区设有沉淀水池，用于沉淀过滤地下水，地下水资源丰富，水质良好，能满足项目部日均用水量200m³的基本要求。现场施工用水主要来源于钻取的地下水，场内共钻有3口水井，足够现场消防、养护、生产、清洁使用，同时为了提升使用效率，现场充分利用水泥厂区周围天然水潭来服务日常施工用水，天然水潭水质一般，不过用于施工较为富裕。

2.供电情况

据相关数据显示，在尼日利亚供电最好时期，人均供电量也只有155kW·h，属于世界能源消费水平最低的国家之一。而最近几年尼日利亚供电情况更是不容乐观。目前尼日利亚富裕阶层都在使用逆变器和发电机，贫困阶层则用煤油灯。而尼日利亚目前供电受天然气管道破坏、电力公司债台高筑的影响，未来一段时期供电情况并不乐观。目前，尼日利亚有23座发电机组是燃气发电，频繁切断燃气管道供电，造成停电事故频繁发生。

就尼日利亚的供电形势而言，工业用电需求依然很难得到满足。EDO2线全厂的配电来自于电厂（2线将扩建发电机组与1期发电机组并网）及应急发电机。电厂提供3路11kV的电力至厂区的总配电站母线，总配电站给全厂设备供电；同时现场配置了3台柴油发电机组（1600kVA备用容量），分别位于中国工人生活区、施工主厂区和制作厂加工区。这样，即使面对当地供电不足或中断的突发情况，项目部也可以紧急发电，供应现场用电所需，不因为供电问题耽误现场施工进度。

（二）材料物资情况

尼日利亚当前建筑业价值约690亿美金，从业人员占当地人口的5%。随着经济的增长，政府的扶持政策以及不断扩大的中产阶级，这在不同程度上为尼日利亚的建材市场带来了巨大商机。尼日利亚当地建材市场正处于开发初期，缺乏国际供应商。当地积极推动各种基础设施包括商业、工业和住宅结构建设，势必需要大量的工程机械和设备，这无疑为致力于开拓非洲市场的国际供应商提供了有利的机会。

尼日利亚国内对基础设施建设重视程度不断加大，对水泥、钢铁等建材的需求量剧增，尤其是水泥需求量由现在的1800万t增至4000万t。尼日利亚本地供应商尚不足1/3，导致水泥价高，严重影响了建筑业的发展。目前，中国建材企业已开始积极投资、布局尼日利亚建材市场。基于这样的市场条件，BUA集团加大水泥厂建设的投入，EDO2线水泥厂应运而生。

当地的自然资源例如石灰石、铁矿石、红土等较为充足，可满足水泥厂的长期生产运营。另外，在水泥厂建设这一方面，建设辅材当地供给充足，大宗物资均可在当地购买，对于有特殊强度等级要求的钢筋、钢构、机械设备、电气设备等则需要依赖进口，采取空运或海运的方式运至尼日利亚。

（三）交通运输情况

尼日利亚国内的交通运输方式主要为公路，其次是水路和铁路，交通运输较为紧张。国内公路总长近20万km，已基本形成一个连接首都阿布贾和各州首府的交通网。公路运输分别占国内货运量的93%和客运量的96%。

尼日利亚交通事故频发，一是道路状况差，二是交通监管不力，三是司机驾驶习惯不好，经常会超速、抢道，跟车不保持安全距离。平时对招聘的司机应严格要求管理，上车后一定要系好安全带，时刻保持警惕才能避免交通事故的发生。

尼日利亚全国铁路总长3500多km，均为单轨铁路，共有268个车站，但机动车和铁轨年久失修，运行能力较低。2006年政府宣布在未来的25年内完成对铁路的现代化改造。

水路方面，尼日利亚内河航线总长3000km，承担内河航运的主要是贝努埃河和尼日尔河。全国共有11个海港，主要港口有拉各斯的阿帕帕港、廷坎岛港、科科港、哈科特港、卡拉巴尔港和萨佩莱港。

航空交通方面，尼日利亚航空公司为国有航空公司，曾开设许多国内和国际航线。

但由于经营不善，亏损严重，长期只有一架飞机勉强维持运营。目前航空业的主力军为私营航空公司，主要运营国内航线及少量国际航线。在尼日利亚经营的外国航空公司有24家。尼日利亚共有5个国际机场，分别在拉各斯、阿布贾、卡诺、哈科特港和卡拉巴尔。

（四）劳动力情况

1. 基本情况

尼日利亚劳动力资源丰富，15～64岁人口约7033万，其中具备劳动能力的人口约5721万，农业人口占70%，工业人口占10%（石油业人口仅占6%），服务业人口占20%。但是，尼日利亚劳动力素质较低，成人识字率仅为68%。尼日利亚统计局《关于尼日利亚人口生存状况》的调查报告指出，尼日利亚全国53%的就业人口为自谋职业、自我经营。其中，付薪员工仅占15.2%，而非付薪的家庭成员占25%。在农村地区，自谋职业人口占52.2%，非付薪家庭成员占29.4%。在城市中，自谋职业人口占56.1%，付薪员工仅占28.4%。

尼日利亚专业技术和管理人员比较匮乏，劳动力熟练程度十分低下。在尼日利亚设厂须由投资者派遣本国技术和管理人员，也须对本地劳动工人进行全面培训，如图4-2所示。为了提高就业率和生活水平，尼日利亚一方面在年度财政预算中增加对农业和农村基本建设的投入，另一方面鼓励私营企业和外国公司对尼日利亚基础设施、中小型工业、信息技术、交通、科研教育、轻工业以及其他劳动密集型产业的投资，以创造更多的就业机会。

2. 工资状况

按照尼日利亚劳工部规定，根据2019年4月《最低工资法案2019》（Minimum Wage Act，2019），尼日利亚从业人员的法定最低工资为3万奈拉（84美元）/月。尼日利亚法定工作时间为每日不超过8h，一周不超过40h。连续工作6h以上应允许雇员至少休息1h，加班须支付加班费用。雇主应通过现金、支票或汇款方式向雇员支付工资。雇主可替雇员代扣代缴养老金或工会组织会费，但不得任意扣除员工工资。除基本工资外，雇主应向员工提供住房补贴、交通补贴以及必要的医疗费用。尼日利亚的社会保险只有养老金，每月应缴纳工资收入的15%，其中7.5%由雇主缴纳，7.5%从雇员工资中扣除。中国公司支付给尼日利亚当地雇员的工资高于尼日利亚当地平均工资。

3. 失业率

尼日利亚劳动生产部统计，1995年失业率为28%，1996年为32%，1997年为

图4-2 当地新员工上岗培训

30%，2003年增至50%。尼日利亚统计局统计，2005年失业率为14.8%，其中城市失业率为17.1%，农村失业率为13.8%，特别是城市15~26岁青年人失业率为32.1%。

联合国人口基金会日前公布的统计数据显示，尼日利亚每年有300万人进入劳动力市场，但仅有少数人能够找到工作。这些新涌入劳动力市场的人包括失业者、不充分就业者、临时失业者和应届毕业生。有关数据显示，目前尼日利亚全国适龄劳动力总量为4600万，占全国总人口的31%。

第四节　施工场地、周围环境、水文地质等概况

（一）勘测任务及要求

根据中国《岩土工程勘察规范[2009年版]》GB 50021—2001，EDO2线工程重要性等级为一级，场地等级为二级（中等复杂场地），地基等级为三级（复杂地基），勘察等级为甲级。

根据中材建设有限公司详细勘察技术要求，本次勘测任务为施工图阶段岩土工程勘测。本次勘测对象为三期场地，共计80个孔。根据岩土工程勘测有关规程、规范要求，本次勘测主要内容包括：

1. 查明扩建范围内地形、地貌特征、地层分布、成因、类别及岩土物理力学性质，提出地基基础设计所需设计参数，提出基础设计建议。

2. 查明上述范围内不良地质作用的成因、类型、范围、性质、发生发展的规律及危害程度，并对其整治方案进行论证。

3. 查明上述范围内地下水类型、埋藏条件、变化规律，分析地下水对施工可能产生的影响，提出防治措施，并对场地水和土层对混凝土与金属的腐蚀性做出评价。

4. 查明上述范围内可能对建筑物有影响的天然边坡或人工开挖边坡地段的工程地质条件，评价其稳定性，并对其处理方案进行论证。

5. 采用人工地基时，应提出地基处理方案建议。

（二）勘测工作主要依据文件

《岩土工程勘察规范[2009年版]》GB 50021—2001；

《建筑抗震设计规范（附条文说明）（2016年版）》GB 50011—2010；

《建筑地基基础设计规范》GB 50007—2011；

《建筑边坡工程技术规范》GB 50330—2013；

《建筑地基处理技术规范》JGJ 79—2012；

《土工试验方法标准》GB/T 50123—2019；

《膨胀土地区建筑技术规范》GB 50112—2013；

《非洲及中东地区地震区划图》等。

（三）钻探、试验设备及方法

现场勘探采用2台DPP–100型汽车回转钻机，由于厂区地层主要为填土、砂岩和页岩，部分钻孔填土较厚，钻探过程中，根据地层分层情况调整标准贯入试验或重型动力触探试验次数，并按照规范要求取样。

（四）其他勘测说明

本次勘测过程中，勘探点坐标采用业主方提供的水泥厂建筑坐标系，高程采用业主方提供的高程基准，现场采用全站仪进行放点。

图4-3　尼日利亚EDO2线项目全景及周边环境

（五）工程地质条件

1. 地形地貌

厂区地形变化较大，勘察期间同时进行场地平整工作，部分地段为厚层人工素填土，堆积年限约30年，如图4-3所示。

2. 地层岩性

本次勘测钻孔最大深度54m。根据钻探结果，地表下54m以内地层主要为素填土和第四系细砂、砂岩，下部为页岩。

3. 地基岩土工程地质性质

根据野外勘探及原位测试结果，拟建场地内各层地基岩土工程性质分析如下：

第一层素填土：该层回填土约30年，土的组成成分差异较大，根据静探试验结果，该层密实度相对均匀，承载力特征值推荐采用100kPa，工程性质较差，不宜作为主要建筑物地基持力层，场平或基坑开挖时宜挖除。

第二层细砂：标准贯入试验实测锤击数为11～12击，呈稍密状态，承载力特征值推荐采用180kPa。

第三层砂岩：标准贯入试验实测锤击数一般大于50击，工程性质较好。承载力特征值推荐采用400kPa。该层可作为主要建筑物的地基持力层。

第四层页岩：标准贯入试验实测锤击数大于50击，抗压强度结果为93MPa，饱和抗压强度结果为0.4~0.56MPa，推荐采用0.4MPa，此外，该土层具有遇水强度大幅降低的特点，承载力特征值推荐采用400kPa，是较好的地基持力层。

（六）地下水条件

勘察期间，地下水位一般高程在108~118m之间，地下水位高程变化较大，属于上层滞水，受季节影响较大，勘察期间正逢旱季，雨季水位涨幅在1.5~2.0m之间。根据二期化验结果及首次勘察结果分析，在干湿交替条件下，地下水对混凝土结构具有微腐蚀性，对钢筋混凝土结构中的钢筋具有弱腐蚀性。地基土对钢结构具有微腐蚀性。

（七）地震效应

根据非洲及中东地区地震区划图，勘察区域为地震烈度小于6度区，可以不考虑地震效应，因此无须考虑地震液化。

（八）地基基础方案分析及承载力评价

根据勘察结果及拟建场地工程地质条件，结合拟建建（构）筑物的特征，地基方案建议如下：

根据勘察结果，总体上讲，拟建场地内地层岩性较简单，岩土种类比较单一。对于荷载很小的构筑物，第一层素填土可以作为基础持力层；对于一般建筑物，第二层细砂可以作为持力层。对重要建筑物，第三层砂岩和第四层页岩可以作为持力层。采用强风化页岩为基础持力层时，对于高温、低温和用水量大的湿润车间，宜考虑其弱膨胀潜势影响，宜采取砂、碎石垫层处理，垫层厚度不小于300mm，垫层宽度应大于基底宽度，两侧宜采用与垫层相同的材料回填，并做好隔热、防水措施。

拟建场地整体而言是良好的建筑场地，大部分建（构）筑物均可以采用天然地基，对于填土层较厚地段可考虑采用桩基础，受填土松散宜坍塌和地下水影响，桩基形式建议采取挤土冲击成孔钻孔灌注桩。

（九）勘测结论

1.根据现场勘察和当地工程经验，场地地基土为中硬土，土层等效剪切波速范围为：250m/s<V≤500m/s。建筑场地类别为10类。

2.勘察期间，地下水位一般高程在108～118m，地下水位高程变化较大，属上层滞水，受季节影响较大，勘察期间正逢旱季，雨季水位涨幅在1.5～2.0m之间。

3.在干湿交替条件下，场地地基土对混凝土结构具有微腐蚀性，对钢筋混凝土结构中的钢筋具有弱腐蚀性。地基土对钢结构具有微腐蚀性。

4.根据规范和野外勘测结果推荐：花岗岩的静弹性模量为0.7×10^4MPa,动弹性模量为0.9×10^4MPa；基坑边坡容许坡度为1:0.2～1:0.1。

第五节　工程建设主要内容

（一）分部分项工程

1. 土建工程主要内容

（1）地质勘探

EDO2线勘测工作以工程地质钻探、原位测试为主，并配合取样和土工试验等手段。根据技术中心指定，勘探期间共布置钻孔73个，每孔设计深度20～35m，实际钻孔深度依据地层条件微调。

（2）主要材料采购

EDO2线土建工程主要材料采购如表4-2所示。

EDO2线土建工程主要材料采购表　　　　　　表4-2

材料名称	预估量	单位	来源	备注
混凝土	66269	m³	现场搅拌站	
钢筋	6540	t	国内或者当地采购	
砂子	77368	t	当地购买	
石子	82031	t	当地购买	
水泥	26661	t	BUA 水泥厂	
砌块	4138	m³	当地购买	
混合料	37673	t	道路路基	
碎石	10677	t	道路路基	

材料名称	预估量	单位	来源	备注
木模板	12660	张	国内采购	
木方	1800	m³	现场采购	
钢模板	2856	m²	国内采购	包含滑模模板
脚手架管	1700	t	项目调拨	
滑模爬杆	90	t	国内采购	
扣件	220000	个	项目调拨	

（3）临建工程

尼日利亚EDO2期项目临建按CBMI员工80人，土建分包商265人，安装分包商420人规划。临建考虑采用国内采购活动板房发运到现场，基础施工采取当地分包，板房安装采用CBMI现场组织，利用当地劳务与国内分包商点工相结合的方式实施。

（4）混凝土基础施工

EDO2线厂区内混凝土基础形式多样，包含独立基础、条形基础、筏形基础等，根据地质勘探的结果，大体积混凝土基础下须换填级配混合料，同时考虑地下水的腐蚀作用，地面以下的混凝土结构须涂抹沥青防腐涂料。混凝土基础的施工验收严格遵循隐蔽工程验收标准，同时后期回填严格按照规范分层浇水压实，并请当地专业土壤密实度研究机构检验，合格后才能进行下一步工序。

（5）上部混凝土框架施工

EDO2线混凝土框架较大，且还包含了石灰石破碎和辅料破碎等异型上部结构，施工要求较高。现场混凝土框架最高处为原料旋风筒顶部，顶标高达23m，这对现场脚手架搭设和高空作业有较高要求。

此外，现场还建有4个混凝土圆形筒仓结构，分别为生料库、熟料库、两个水泥库，如图4-4所示。小直径库体采用滑模施工工艺，大直径库体采用翻模施工工艺，四个库体平均每个滑升须耗时半个月，对土建施工技术和体力是一个严峻的挑战。

（6）砌筑施工及道路

EDO2线从破碎电力室到包装电力室共计有8个电力室，所有电力室均砌有砖墙，砌筑工程满足相应规范要求，水泥空心砖在当地采购，此外外墙必须涂刷防水涂料，以防尼日利亚雨季暴雨的侵蚀，同时各屋面也均有防水措施。

图4-4 尼日利亚EDO2线项目混凝土结构

现场道路错综复杂，主路宽度达8m，为了满足地基对水泥厂区内各水泥车运输时的承载力要求，路面下方铺设有30cm厚的级配混合料。

2.机械安装主要内容

（1）非标制作

根据项目汇总表统计，本项目大非标及非标设备约2400t，这些非标的平均容重比约6.7，运输成本比较高。在尼日利亚当地制作比在国内制作要便宜约4800元/t，项目2400t的大非标及非标设备，在当地制作可以节省约1100多万元[①]。另外，国内制作为满足发运需要，必须进行大量解体，现场不得不进行二次组对和焊接，还会耗费大量的资源和成本。因此非标都是在尼日利亚当地制作，制作厂机具配置情况表如表4-3所示。

制作厂机具配置情况表 表4-3

序号	名称	规格	单位	数量
1	门式起重机	10t，18m 跨度	台	2
2	剪板机	QCY12-20-2500	台	1
3	卷板机	W11-20-2500	台	1
4	卷板机	W11-16-2000	台	1
5	摇臂钻	Z3032×10	台	1
6	交流焊机	500A	台	25

---

① 此处指人民币。

序号	名称	规格	单位	数量
7	二氧化碳气保焊机		台	4
8	砂轮机		台	1
9	磁力钻	MA×32	台	2
10	等离子切割机		台	1
11	空压机		台	1
12	喷砂涂装设备		套	1
13	汽车起重机	50t	台	1

（2）设备安装

设备安装工程量为14369t、钢结构9134t、现场非标制作2183t及现场预埋件制作265t、筑炉4410t、保温29050m²、彩板28000m²、盘柜697面、电缆630km。

工程建设采取分包施工，分包采用清包工模式，机具、主材、辅材由中材建设有限公司提供（机具及辅材按合同收取费用），机械安装工程（图4-5）划分为4个标段，电气安装工程为1个标段，筑炉、保温为1个标段，防腐为1个标段，共7个标段。

图4-5　尼日利亚ED02线项目立式辊磨机安装

图4-6 尼日利亚EDO2线项目全厂照明

3. 电气工程主要内容

电气是项目运转、生产的原动力。全场铺设电缆管线630km，配置电力室盘柜414面、照明灯具4130盏等，如图4-6所示。

（二）各分项工程工程量

1. 土建工程量

EDO2线土建工程量如表4-4所示。

EDO2线土建工程量表　　　　　　　　　　　　　　　　　表4-4

序号	工作项	单位	数量
1	开挖	m^3	222275
2	回填	m^3	168618
3	混凝土（不含路面）	m^3	62459
4	道路混凝土	m^3	6202
5	排水沟混凝土	m^3	3200

序号	工作项	单位	数量
6	室内地坪	m²	18582
7	散水	m²	6415
8	普通钢筋	t	7465
9	预应力钢筋	t	317
10	混凝土砌块	m³	2654
11	预埋件	t	336

2. 安装工程量

安装工程量如表4-5所示。

EDO2线安装工程量表   表4-5

序号	工作项	单位	数量
1	设备	t	11915
2	非标	t	2453
3	钢结构	t	9134
4	筑炉	t	4410
5	彩板	m²	82466
6	保温	m²	29050
7	盘柜量	面	414
8	电缆	km	630
9	变压器	台	14
10	灯具	盏	4130
11	总装机容量	kW	410000

第五章　施工部署

Chapter 5　Construction Deployment

第一节　目标管理

（一）质量目标

根据公司ISO9000/ISO14000质量环境管理手册规定，结合建设单位对工程的整体质量要求，项目组制定的质量目标是：满足合同质量要求，合格率100%。以创建精品工程为目标，以质量管理体系文件为纽带，以中国国家标准和规范为准则，进行质量培训。

坚持做好技术交底、图纸会审、质量检查、质量隐患及问题分析整改、专业间施工许可等质量管理基础工作；以QCP为质量控制主线，对设备制造、土建施工、机电安装及调试实施全过程质量控制；通过开展一系列的施工工艺、工法创新活动，持续提高施工质量水平，实现工程品质提升。安排经验丰富的工程施工技术人员提前介入设计评审活动，及时发现设计问题，不断优化，提高设计质量。

（二）安全目标

死亡事故为零；重大火灾事故为零；重大机械设备事故为零；重大交通事故为零。

（三）环境管理目标

危险废弃物分类率达到100%；有毒有害废弃物分类率达到100%；严格控制噪声释放，满足地方性法规要求，废弃物、生活垃圾处置率100%。

（四）成本目标

海外项目执行和运作越来越困难，业主方在签订EPC合同时，对总包价格一压再压，且项目执行过程中运输费用、国内分包商成本费用、当地原材料的成本费用也随着近几年市场的变化涨幅较快，在项目执行过程中，成本的管控在项目成本形成的过程中更为重要，项目执行者需要对项目经营过程的全生命周期进行成本的规划和管控。

在项目执行过程中，要对所消耗的人力资源、物资资源和机具资源进行有效的管控。项目成本的管控，既要从项目前期筹划阶段，设计、采购阶段进行初步规划，更要在执行过程中有效利用各种创新办法提高功效。在项目执行中更精细化地管理、节省非必要的开支或是降本增效、把各项费用指标控制在计划成本范围之内，是保证项目盈利的基本。同时在项目执行过程中，如何更多地签订增补合同，均摊成本消耗，也是提高项目利润至关重要的因素。

第二节　管理机构、体系

（一）项目组织结构

项目组织结构如图5-1所示。

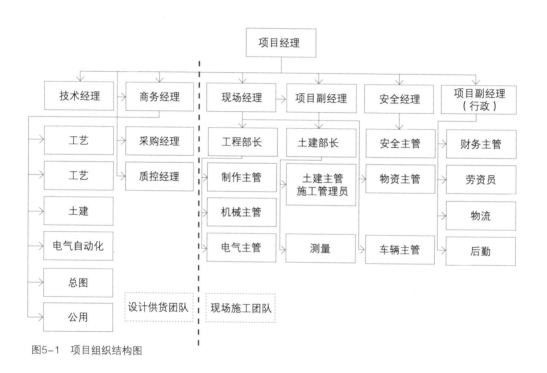

图5-1　项目组织结构图

（二）质量控制组织机构

质量控制人员安排如表5-1所示。

序号	职位	职责
1	组长	围绕质量目标健全项目管理体系,调配所需资源
2	副组长	组织实施工程质量技术措施,进行质量管理体系运行监控
3	副组长	组织实施工程质量技术措施
4	副组长	施工质量过程安全监控
5	工程部长	质量技术措施监控
6	土建部长	土建质量管理
7	铆焊部主管	铆焊施工质量管理
8	机械部主管	机械施工质量管理
9	电气部主管	电气质量管理
10	车辆主管	车辆质量管理
11	施工管理员	施工质量技术措施的具体实施

(三)安全管理程序

安全管理职能分配如表5-2所示,主要安全、环境管理人员如表5-3所示。

安全管理职能分配表   表5-2

序号	职位	职责
1	组长	围绕安全环保目标健全项目管理体系,调配所需资源
2	副组长	组织实施工程安全、环保技术措施
3	工程部长	安全、环保技术措施监控
4	土建部长	土建安全环保管理
5	铆焊部主管	铆焊施工安全环保管理
6	机械部主管	机械施工安全环保管理
7	电气部主管	电气安全环保管理
8	综合部主管	后勤管理、后勤安全、环保任务组织实施
9	车辆主管	车辆安全环保管理

主要安全、环境管理人员表   表5-3

序号	职位	职责
1	专职安全员	安全、环境管理体系运行监控；日常安全员巡检；监督安全防护用品的佩戴情况；安全施工防护措施的指导监控；每50人配备一名安全员。计划共15人左右（其中CBMI 5人，分包商10人）
2	施工管理员	安全、环境技术措施实施
3	班组安全员	安全、环境技术措施实施

第三节　施工顺序、流水段划分

（一）土建工程施工顺序

土建工程是总承包项目施工的关键，土建工程的施工质量决定着项目建设的成败。所以在总承包项目中一定要组织好土建工程的施工顺序、施工进度，控制好施工质量。

EDO2线项目土建工程的挖方工程406402m³，填方工程290459m³、混凝土工程76220m³、钢筋工程7998t。

为了尽量减少交叉作业，尽早移交作业面，为安装工程创造条件，EDO2线项目周密布置了土建工程施工顺序。

1. 第一阶段施工

第一阶段先期进行原料粉磨/废气处理、烧成窑尾、烧成窑中、烧成窑头、水泥粉磨等主要车间的施工。这些区域场地小，工程量大，交叉作业多，对项目进度控制和合同正常执行影响比较大，如图5-2所示。

2. 第二阶段施工

第二阶段进行筒仓结构，如生料库及入窑喂料、熟料库及输送、水泥储存库及输送等车间的施工。

3. 第三阶段施工

前两阶段的工作完成后，转由交叉少、土建工程量小的其他子项施工。

图5-2　影响项目总工期的烧成窑尾塔架预热器施工

（二）安装工程流水段

EDO2线现场设备安装工程量为14369t、钢结构9134t、现场非标制作2183t及现场预埋件制作265t、筑炉4410t、保温29050m²、彩板28000m²、盘柜697面、电缆630km。

安装工程分包采用清包工模式，机具、主材、辅材由中材建设有限公司提供（机具及辅材按合同收取费用），包括机械安装，电气安装，筑炉、保温，防腐等工程，共计7个标段。

分包采用招标方式，从施工能力较强、与中材建设有限公司有过合作的业绩、信誉良好的国内安装施工队伍选出优胜者。

具体标段划分、工程量及人员规划如表5-4所示。

安装工程标段划分、工程量及人员规划清单表　　　　表5-4

No.	车间代号	车间描述设备量	预估工程量（t）			
			钢结构量	非标制作	预埋件	
A标段：石灰石堆取料机、辅料堆取料机及进出输送廊道和设备，原料调配站，1号水泥磨系统，1号水泥存储及输送系统，饮用水系统（70人）						
小计	A标段设备钢构安装量：6416.2 t					
	A标段制作量：　248 t					
		3837	2579.2	248.2		
B标段：原料磨系统，废气处理，工艺收尘器，2号水泥磨系统水泥库，压缩空气及污水处理系统（70人）						
小计	B标段设备钢构安装量：6142.4t					
	B标段制作量：　700.9t					
		4510.7	1631.7	566.7	134.1	
C标段：预热器、烟囱、生料库、窑喂料、包装系统，辅助车间及水系统（65人）						
小计	C标段设备钢构安装量：5290.6t					
	C标段制作量：　1077.3t					
		2085.6	3205	1077.3	0	
D标段：石灰石破碎系统，窑系统，冷却机系统、工艺风管、钢烟囱、重油系统等（60人）						
小计	D标段设备钢构安装量：5230.5t					
	D标段制作量：421.8t					
		3935.8	1294.7	291		
设备/钢构总计			14369.1	8710.5		
现场制作非标、预埋件总计					2183.2	264.9

外保温及彩板工程标段划分如表5-5所示。

外保温及彩板工程标段划分表　　　　表5-5

E标段，全厂耐火材料，外保温及彩板安装工程			
1	耐火材料	t	4410
2	保温	m²	29050
3	彩板（不含网架）	m²	28000

油漆防腐标段划分如表5-6所示。

油漆防腐标段划分表　　　　表5-6

标段F 油漆防腐标段划分					
标段F	非标钢结构现场制作部分	喷砂除锈及喷涂	工程量	2448t	人数	防腐5人
标段F	现场非标、钢结构补漆	补漆	工程量		人数	防腐5人

电气工程标段划分如表5-7所示。

电气工程标段划分表　　　　表5-7

标段	标段范围	工作内容	单位	预估总工程量
G	电气工程量初步汇总	变压器	台	14
		电缆	m	630000
		桥架	m	25000
		成套盘柜（箱）安装	面	697
		仪器，仪表安装	套	1061
		车间灯具及路灯	盏	4630
		防雷接地	m	11000
		控制开关及按钮盒安装	套	1959
		动力配管	m	25000
		静电地板	m²	1618
		堆、取料机	台	5
		行车及倒链	套	13

第四节 管理风险分析及对策

（一）安全防护用品管理

1. **安全帽**：由物资部统一采购，材料管理员会同专职安全员进行验收。施工管理人员及施工班组负责人佩戴具有公司标志的红色安全帽；安全管理人员佩戴白色安全帽，其他人员佩戴黄色安全帽，当地雇佣的人员佩戴蓝色安全帽，如图5-3所示。

2. **工作服、工作鞋**：由物资部统一采购，入库前由材料管理员会同专职安全员进行验收，并按照《物资需用计划》发放，工作服、工作鞋如图5-4所示。

3. **安全带、安全网、安全绳**：由物资部统一采购，入库前由材料管理员会同专职安全员进行验收；由材料管理员按照《物资需用计划》发放，安全带、安全网、安全绳如图5-5所示。

图5-3 安全帽区分图

图5-4 工作服、工作鞋

图5-5 安全带、安全网、安全绳

4. **安全警示牌、警示带**：施工班组根据需要可向安全部门申请，由安全部门按需要发放，施工班组应对安全警示牌加以保护，安全部门在施工过程中根据具体情况增加的安全警示牌，保护原则为：谁施工谁负责保管，谁损坏谁赔偿。

5. **例会制度**

每月召开一次月安全、环境专题会议，项目部安全、环境领导小组、各专业负责人和主要管理人员及施工班组（分包商）负责人、安全员参加，主要内容为：分析上个月安全、环境存在的问题；规划下个月安全、环境管理的具体内容及目标；针对性地强调下个月施工中的安全注意事项及所将采取的措施。

每周组织召开一次周安全会议，安全部所有人员及班组（分包商）安全员参加，总结分析上周的安全情况，明确下周的安全施工重点和关键控制部位及所将采取的安全措施。

视现场施工进展情况，不定期地组织召开安全专题会议。

6. **检查制度**

日常检查：班组安全员、专职安全员负责每日对施工作业点巡检，对安全、环境技术措施计划的执行情况进行验证，制止违章指挥、违章作业、违反劳动纪律"三违"现象，并做好安全员日志；安全主管负责组织专职、班组安全员进行每周例行检查工作并填写《检查记录》；现场经理组织安全、环境领导小组进行每月例行检查工作；安全主管填写《检查记录》，对每次检查的结果进行评比、通报，表扬安全优胜班组及优秀安全员，并给予奖励；对表现比较差，安全工作落实不好的班组及安全员给予处罚。

专项检查：安全部门负责制定周期性的专项检查计划。专项检查指技术性更强、检查层次更深入的检查工作，如：加工设备、安全用电、高空作业、临边孔洞防护、脚手架、电焊、易燃易爆场所、季节性专项等检查，专项检查应组织相关专业技术人员共同参加。

安全、环境检查的处置：安全、环境检查后及时召集相关会议进行总结，及时发出整改指令和提出改进措施。设置宣传栏对违章指挥、违章作业进行曝光。在项目部例会上，坚持在对生产任务进行计划、布置、总结、评比的同时，进行安全、文明施工的计划、布置、总结、评比。

（二）环境管理

在施工现场设置带有标识的容器存放危险废弃物及可回收利用废弃物，并采取防渗漏措施。设置带有标识的"废弃物区"和"废铁堆放区"存放点。如有废弃物需要处置，由项目部联系尼日利亚当地有资质的回收单位签订合同定期进行处置。

（三）机具管理

1. 所有设备入场后必须到项目安全部登记备案，并填写《机械设备申报表》，检查合格后方可在现场使用。

2. 起重吊装及其他车辆设备必须提供出厂证明、合格证、检定证书等相应资料，资料齐全且满足要求后方可投入使用。

3. 对所有的机具设备进行统一编号管理。

4. 在所有的机具设备上张贴相应的操作规程，并设专人进行操作。

5. 每月定期检查机具设备的使用性能并做好登记。

（四）分包商人员管理

分包商应建立完善的安全保证体系，建立健全安全管理机构和安全管理制度，落实安全生产责任制。分包商施工前应向总包商安全管理办公室提交安全管理组织机构和安全管理制度文件。

在与分包商签订合同时，分包商应向总承包商安全管理办公室指定工地安全负责人，分包商的安全负责人及其助手应具备相关经验和资格，并确保下属安全负责人也具有一定的资格。分包商须向总承包商提交所有人员名单表（电子版、书面版各一份），明确主要管理人员及联系方式。分包商如需更换安全负责人，必须征得总承包商的同意，不得擅自更换安全负责人。

对于分包商因管理失误造成的事故，分包商要承担全部的责任，分包商应教育自己所有职员遵守总承包商制定的安全规则，了解安全计划的内容和安全技术规范，熟悉现场详细情况，并熟悉尼日利亚《职业安全健康法》和《矿山安全健康法》

对违章现象、违章行为和事故隐患，总承包商向分包商发出《整改通知书》，分包商接到整改通知后应立即组织整改，按整改通知时限完成整改工作，并将整改结果、采取措施的效果形成报告交总承包商安全管理部门存档。任何违反制度和条规而给自身或他人带来不安全因素者，都将受到警告和处罚。

安全部门负责日常安全管理工作，月中和月末各组织一次安全会检，分包商安全代表必须参加，必要时邀请业主代表参加。检查结果和结论由安全管理部门记录存档。

第五节　施工准备

（一）项目临建规划

EDO2线项目临建按CBMI员工80人，土建分包商265人，安装分包商420人规划。

临建考虑采用国内采购活动板房发运到现场，基础施工采取当地分包，板房安装采用CBMI现场组织，利用当地劳务，与国内分包商点工相结合的方式实施。

1. 布置规划

（1）EDO2水泥生产线中材建设CBMI办公室布置如图5-6所示。

（2）EDO2水泥生产线中材建设CBMI生活区

宿舍：3栋，房间按3人间配置，含卫生间，共30间房，外加3间洗衣房。

现场招待所：1栋，4间单人房。

食堂：1栋，按满足85人就餐配套。

篮球场：1座，在原有基础上改建。

中材建设CBMI生活区具体布置如图5-7所示。

（3）分包商生活区。

宿舍：土建分包商建5栋宿舍，房间按入住5人配置，含卫生间，共58间房，外加3

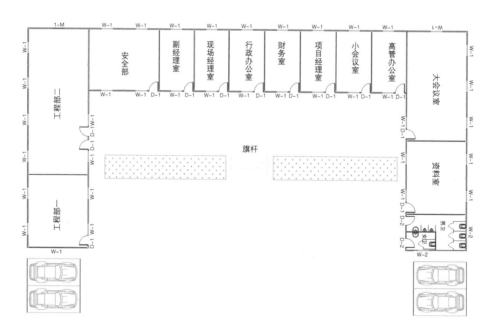

图5-6　办公室布置图

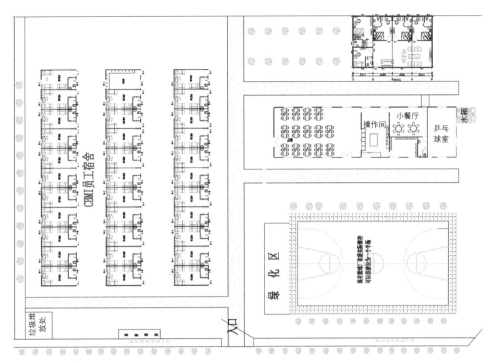

图5-7　生活区布置图

间洗衣房。

安装分包商建7栋宿舍，房间按入住5人配置，含卫生间，共87间房，外加4间洗衣房。

食堂：3栋，其中土建1栋，安装2栋；按满足650人就餐配套。

篮球场：新建1座。

分包商生活区具体布置如图5-8所示。

2.临建活动板房材料统计

EDO2线项目活动板房材料统计如表5-8所示。

EDO2线项目活动板房材料统计表　　　　　　　　　　　　表5-8

序号	名称	单位	单栋面积	栋数	面积合计	房间数量（间）	备注
1	项目部办公室	m²	463.07	1	463.07	12	
2	项目部宿舍	m²	299.14	3	897.42	31	有吊顶 TA 型房
3	项目部食堂	m²	339.06	1	339.06		有吊顶 K 型房
4	搅拌站实验室，机具组	m²	113.28	1	113.28	5	有吊顶 K 型房

序号	名称	单位	单栋面积	栋数	面积合计	房间数量（间）	备注
5	套房	m²	164.25	1	164.25		有吊顶 TA 型房
6	土建分包商宿舍	m²	325.91	5	1629.57	58	
7	土建队餐厅	m²	509.86	1	509.86		无吊顶 K 型房
8	安装分包商宿舍	m²	353.07	7	2471.51	87	
9	安装队餐厅	m²	340.80	2	681.60		无吊顶 K 型房
10	小卖部、医疗室	m²	90.82	1	90.82	2	
11	警卫室	m²	6.38	1	63.80		无吊顶 TA 房
	总计			24	7424.24	195	

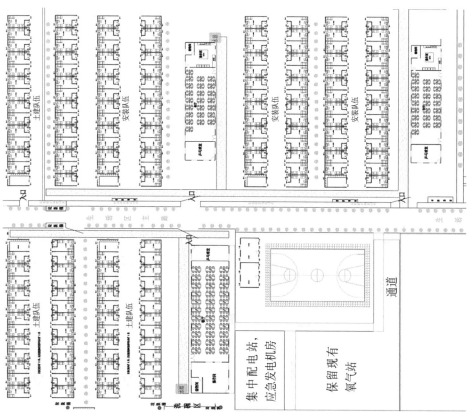

图5-8　分包商生活区布置图

（二）现场临时电规划

施工临时电源从业主1期电厂（891substation）11kV中压备用柜引出，在2期主厂区和2期临建区分别安装1600kVA、1250kVA临时配电变压器各一台。电厂到各变压器室采用铝芯铠装电缆直埋敷设，各变压器室同时配套低压配电柜系统向各用电点配电。变压器配电系统如图5-9所示。

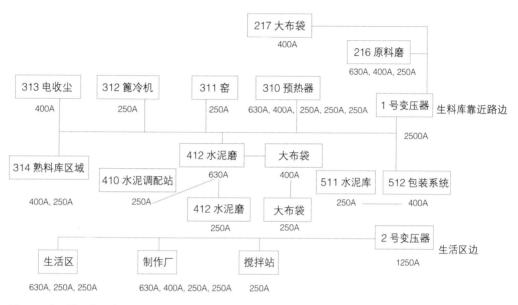

图5-9　变压器配电系统图

（三）技术措施交底

各专业主管认真编制《施工技术措施方案》和《安全技术措施计划确认记录台账》，做好图纸自审、会审工作。施工前组织安全技术交底，没有安全技术措施或未交底不施工，保证施工安全。根据工程进展情况，及时制定详细的专业性、阶段性、季节性安全施工技术措施，及早筹划，以防为主，合理安排施工，严格按程序施工。

分项工程、大型设备安全技术措施：各专业主管负责在分项工程、大型设备新开工或进入新作业地点（平面、平台）之前制定安全技术措施计划，记录于《安全技术措施计划确认记录台账》，此台账经专业主管、安全经理、现场经理确认后由专业部门负责实施。

所有参加安全、环境施工技术措施交底的人员必须在交底记录上签字。安全环境施工技术措施及交底记录，必须由安全部门存档，以备待查。

第六节　组织协调

（一）基本建设步骤

按照通常的经验，EDO2线项目的建设大体上分为以下几个关键的步骤。

1. 设计工作

设计工作是对拟建工程的实施在技术上和经济上所进行的全面而详细的安排。项目一般进行初步设计和施工图设计。

2. 建设准备

建设准备包括设备、材料采购订货，以及物流运输交货到项目建设现场。

3. 现场施工

土建工程包括土方施工、地基施工、设备基础施工、框架结构和筒仓施工等；安装工程包括机械设备安装、电气设备安装、管道施工、筑炉保温施工、设备调试等。

4. 投产准备

投产准备也就是生产准备，主要包括招收和培训人员、生产组织准备、生产技术准备、生产物资准备。

5. 项目验收

项目验收是工程建设过程的最后一环：一是检验设计和工程质量；二是有关部门和单位可以总结经验教训；三是建设单位对经验收合格的项目可以及时移交固定资产，使其由建设系统转入生产系统或投入使用。

以上步骤既互相衔接，也相互交织。需要重点组织协调好设计工作、建设准备和现场施工，也就是工程总承包的E、P、C三个阶段的工作。

（二）设计工作

EDO2线水泥厂设计规模为日产6000t水泥，项目以自有核心技术和装备为基础，整合全球行业内技术领先的生产工艺和设备，打造工艺技术先进、节能环保、自动化程度高的绿色环保水泥生产线。

其施工图设计涵盖土建、机械安装、电气、设备、管道、筑炉等满足水泥厂建设生产的全套专业。施工图的设计需要满足各专业基本设计标准和规范，要具备合理性和可实施性。整套图纸由苏州中材建筑建材设计研究院有限公司和中材建设有限公司联合设计，并计划于2016年5月31日完成第一版总图设计，囊括石灰石原料破碎到最后水泥包装整个厂区平面图。总平面图根据水泥制备工艺流程分为原料段、熟料段和水泥段三大主要区域，结合车间位置地势，选定最为合理的设计方案，适势而建，使项目在生产运营过程中实现降尘、降噪、绿色、环保。

（三）建设准备

该项目全面使用高效电机、高效变压器、高效变频设备及高效照明设备，同时使用低压自动补偿电容器组，有效降低系统的线路损耗及无功损耗。

项目在大型变频设备上使用12脉及以上的隔离变压器，有效消除5次及7次谐波对公共电网的污染，以创新的工程技术及先进的生产设备切实助力行业的绿色发展。

在机械设备选项上使用环境友好的工艺设备，以实现减少粉尘排放，降低生产能耗，节约水资源的生态友好目标，

对于制造标准要求不高的非标准设备和工业管道以及钢结构采用现场制造的方式，减少海运环节。

（四）现场施工

基于尼日利亚EDO1期生产线建设的经验，尼日利亚EDO2线项目采用设计与施工相结合的方法，

根据公司以往在尼日利亚EDO1期项目和Unicem项目的操作经验，项目部计划以包清工的方式实施工程分包建设，充分发挥分包队伍的优势，使分包队伍把主要精力投入到工程施工中。项目团队负责后勤保障服务及工程管理工作，如负责人员签证、机具材料发运、设备卸车保管、临时用电、社会治安协调等。

（五）土建工程组织思路

土建工程属于劳动密集型作业，受季节、天气、人员配置等因素影响比较大，在组织实施现场施工时须对这些因素进行重点考虑，如图5-10所示。

EDO2线项目土建施工计划引进两家有较强施工能力并与中材建设有限公司有良好合作业绩的国内土建施工队伍，采用劳务清包的分包方式，中材建设有限公司有偿提供施工机具及辅材。

基于当地治安环境较差，劳务社区关系复杂，土建施工过程中，可帮助分包商有选

图5-10　熟料库土建施工

择地招聘部分当地劳务人员，从事技术含量较低的施工作业。

1. 中材建设员工配置

项目部管理人员：土建经理1人，土建部长1人，土建主管2人，施工管理员4~6人，测量员1~2人。

搅拌站人员：搅拌站操作员4人，泵车司机1人。

其他人员：挖掘机司机4人，装载车司机1人（此项视当地司机水平定）。

2. 施工队配置及工期节点

因尼日利亚签证办理困难，目前预计大批土建进场人员进场时间在2016年9月以后。初步铺开施工时间（土建施工人员到场一半左右），计划为2016年11月上旬，主要车间基础及框架施工期（土建高峰期）12个月左右，即计划2017年8月主要车间全部交安。至2017年10月份，主要车间基本完成后开始逐渐撤人，根据现场及安装进度主要利用各施工班组的混凝土工进行砌筑、抹灰、地面和道路施工，到2018年6月底人员基本撤完。

土建工程大型施工机械包括搅拌站、主要土方和混凝土设备，计划沿用Unicem项目资源。部分工程材料包括脚手架管、钢模板、钢跳板，利用Unicem项目剩余周转材料，辅以国内少量采购作为补充。

项目计划通过国内招标方式选择两家土建分包商，考虑进场人员约265人，人员配置8个混凝土基础和框架施工班组并根据现场需要招募部分当地劳工；土建施工队伍应配备具有较强滑模施工能力的技术工人以及熟练的钢筋工、木工、混凝土工、瓦工等，尤其以搭设脚手架和支模板以及高空作业全能的熟练木工优先。队伍必须要有较丰富的滑模经验。

根据项目总体进度计划有序展开土建工作；因主要施工区域很集中，与设计保持密切联系，应重视区域性整体出图，现场尽量避免出现某个区域反复开挖回填及先浅后深的施工现象。

3. 主要建筑材料来源

混凝土：自建搅拌站，配套试验室。能进行砂石筛分、混凝土配比、混凝土压强、回填土密实度等试验。

钢筋：国内进口。

4. 主要周转材料来源

脚手架管：1050t（其中Unicem项目调拨800t，国内采购250t）。

木模板：17000张（分两批采购）；

钢模板：主要采用Unicem项目剩余钢模板，国内补充少量。

5. 建立协调会机制

由各工种施工管理员组织各施工班组召开早班前5分钟例会，强调当日安全、质量控制要点，各专业主管有选择性地参加。

由现场经理组织工程部、安全部、行政部各主管、各主管经理每周五召开周例会，对本周安全、质量、进度问题进行小结并明确下周安全、质量、进度控制点，各主管在每周五上午下班前提交下周计划至各主管经理审批。

由现场经理每月初组织主管以上、安全部全体及各分包商负责人、安全员召开月度生产协调会，对上月生产中存在的安全、质量、进度问题进行总结，布置本月生产任务的同时布置安全、质量的控制重点，各主管在月底前提交下月计划至各主管经理审批。

第七节　施工布置

（一）施工布置

根据以往在尼日利亚EDO1期项目、Unicem项目的操作经验，重点抓土建工程的施工。只有土建工程正常实施，才能为安装设备创造有利条件，才能为实现计划的工期目标奠定基础，如图5-11所示。项目部充分利用接近尾声的Unicem项目的施工设备、机具、材料资源，并依据前期考察、调研尼日利亚水泥建设市场的实际情况，计划将临建准备、人员签证、机具材料发运、设备卸车保管、临时用电、社会治安协

图5-11　EDO2线项目厂区整体施工布置

调等工作统一管理，建成服务和管理型的项目部，主要做好外围服务及工程管理工作；充分发挥分包队伍的优势，使分包队伍把主要精力投入到工程施工中，将项目安全、平稳、有序地向前推进。

（二）施工注意事项

新老厂紧邻区域须封闭隔离，视情况搭设安全防护通道或防护棚。

需要业主尽可能提供详细的地下管沟（水、电、气、油）线路的图纸，否则很可能与老厂接口的廊道等基础出现冲突，导致无法施工，上部钢结构也将不得不变更重做。

严格控制定位测量放线，施工定位放线由项目部测量员控制检查复测，施工队伍测量放线工配合操作，保证质量，避免各施工段出现连接误差；各子项的基础、设备基础、楼层的细部测量放线由施工队伍自己的测量放线工来完成。现场尽快进行对比业主提供图纸的测量核实工作，精确总图定位坐标，避免接口工程出现偏差。

严格控制滑模施工质量，施工前必须编制完善的施工方案。施工准备时必须保证充足的人力，根据当地气候条件及工期要求选择适宜的时间段滑模。

重视钢筋混凝土框架施工；这部分施工直接涉及建筑物的主体安全质量，因此必须万无一失。

重点控制大型设备基础、大体积混凝土、筒仓的施工，此部位施工要编制施工方案，须控制混凝土的浇筑速度并采取混凝土的温度控制及混凝土内部降温措施。

第六章　主要管理措施

Chapter 6　Main Management Measures

第一节　工程计划管理

（一）进度计划

EDO2线项目自2016年2月16日合同生效起，计划至2018年6月16日投产，计划工期28个月。工程施工建设进度目标计划如下。

1. 合同生效————————————————2016年2月16日
2. 启动地勘————————————————2016年2月底
3. 启动场平————————————————2016年6月初
4. 临建具备入住条件——————————2016年8月底
5. 开始现场混凝土施工——————————2016年8月底/9月初
6. 开始现场制作工作——————————2016年9月底
7. 开始设备钢结构安装————————2017年1月
8. 送电，开始单机试车————————2018年1月
9. 熟料线点火————————————————2018年5月中期
10. 水泥磨投料————————————————2018年6月16日

（二）设计计划目标

作为EPC工程总承包合同执行的牵头作业，设计工作的进度控制至关重要。水泥厂大小车间共计30余个，每个车间均包含相应的土建基础、结构框架、电气管线、设备安装等平、立面图的详细设计。在完成初步设计后，根据水泥厂不同车间的使用功能进行细化设计。为保证使各车间详细施工图按施工优先顺序依次完成设计，所以须制定详细的设计进度目标，并加以控制，如表6-1所示。

EDO2线项目主要车间施工图设计进度计划表　　表6-1

序号	各车间类别	设计完成时间
1	210- 原料破碎及输送	2016 年 12 月 16 日
2	216&218- 原料粉磨及输送	2016 年 12 月 16 日
3	217- 窑尾废气处理	2016 年 11 月 16 日
4	219- 生料库及窑喂料	2016 年 10 月 16 日
5	310- 预热器	2016 年 10 月 1 日
6	311- 回转窑	2016 年 8 月 16 日
7	312- 窑头冷却机	2016 年 12 月 16 日
8	313- 窑头废气处理	2016 年 12 月 16 日
9	410- 熟料库	2016 年 12 月 16 日
10	412/422- 水泥配料站	2017 年 1 月 16 日
11	412-1 号水泥磨	2017 年 1 月 16 日
12	422-2 号水泥磨	2017 年 1 月 16 日
13	511-1 号水泥库	2017 年 1 月 16 日
14	521-2 号水泥库	2017 年 1 月 16 日
15	512/522/532/542- 包装车间	2016 年 11 月 15 日
16	642-1- 重油输送泵站	2017 年 2 月 16 日
17	921- 熟料线空压机站	2017 年 2 月 16 日
18	923- 破碎空压机站	2017 年 2 月 16 日
19	电缆廊道	2017 年 1 月 16 日
20	100- 原料破碎及堆场电力室	2017 年 1 月 16 日
21	210- 原料磨电力室	2017 年 1 月 16 日
22	310- 窑头电力室	2017 年 1 月 16 日
23	800- 总降	2017 年 1 月 16 日

（三）设计控制

建立以技术经理为中心的设计组织结构，按专业指定专业负责人，对所属专业的设计资源进行管理和协调，对设计的进度、质量负责监督和控制，对存在的问题负责整理和传递。

设计严格按照技术中心的质量控制文件进行设计管理，各专业指定专业负责人对本专业的图纸进行设计管理，各专业图纸必须在完成自校、互审、负责人核定批准后才能提交，对于重要车间和涉及重要工艺的图纸，如有必要组织进行会审或外审。

1. 提资：由设计者根据设计进度计划按设备种类进行提资并由各专业负责人进行汇总整理后提交，技术经理审核后按流程发给采购人员进行采购；

2. 设备资料查返：设备厂家返回的资料由各专业负责人负责发给相关设计者，并由设计者按照自己所属的工作范围进行图纸的查返确认，并将确认信息汇总到专业负责人，由专业负责人整理后递交技术经理，技术经理审核后将确认信息反馈给厂家并通知采购部；

3. 技术交流：技术经理通过定期的技术交流会和不定期的电话或邮件沟通，将业主的审核意见和其他意见传达给各专业负责人，由各专业负责人负责处理业主的意见和要求；对于设计过程中遇到的需要与业主沟通或确认的问题，由各专业负责人负责收集整理并及时地反馈给技术经理，由技术经理统一与业主进行交流、协调和沟通；

4. 变更：遇到需要变更的图纸，须经专业负责人同意并提交技术经理审核通过后，方可按照技术中心规定的流程和格式提交变更；

5. 设计计划控制：根据设计进度计划，对设计的整个过程进行跟踪控制，并结合实际进展情况及时更新进度计划；

6. 设计进度控制：为加强设计进度管理，跟踪设计过程进度控制，以施工图纸量为基础，编制设计计划与进度控制对照表，动态掌握设计进度，及时发现设计工作可能的延误，并及时纠偏。

（四）设备采购控制

1. 设备采购指导原则：项目的设备采购计划应满足项目的整体实施计划要求。首先要满足设计的要求：主机设备的技术资料应在3月底前提交，4月初启动车间工艺设计，辅机在设计提出采购资料需求后应及时展开采购工作，以利于车间的设计尽早完成。其次还应满足现场施工调试的要求，根据项目物流计划分批逐次发运。

2. 项目初期，尽早确定现场制造清单，并预先提出钢材采购计划，采购后发运到现场。

本项目物流成本约为每吨130美元，对于大型和普通非标设备，规划现场制作。现场制造的大型和普通非标设备包括：预热器、旋风筒、窑头罩、三次风管、料仓、水箱、钢烟囱、直径超过1m的非标风管，预计2400t。

3. 项目设备采购，严格遵照主合同内的供货商清单，走公司的正常招投标程序采购。如果打算启用非主合同内的供货商清单，必须提前整理供货商资料，执行业主确认程序。

4.设备采购进度控制：根据公司采购一级计划，建立采购二级计划和完整的设备采购台账，进行有效的环节控制。设备合同签订只是完成了一部分工作，对设备变更及增加等环节，须建立完善的台账进行跟踪，分为提资、采购、返资、制作、发运和设备资料6个主要环节。根据项目部整体计划和阶段性要求进行有效控制，对于设备采购过程中出现的问题和滞后情况等进行及时预警。

（五）施工进度管理

根据以往项目的操作经验，需要重点抓好土建工程施工计划管理，特别是混凝土浇筑计划的控制。为此，需要特别制定混凝土浇筑计划（图6-1），并按此提前做好水泥、石子和砂子等材料的准备。

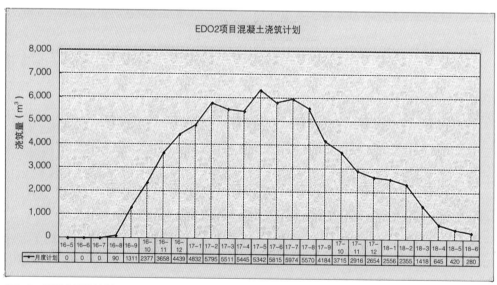

图6-1　混凝土浇筑计划

土建工程属于劳动密集型作业，要求的人力资源比较多。需要根据进度计划提前安排好人力资源的进场，才能按照项目总体进度计划有序展开土建施工。对于重要区域的土建施工，现场尽量避免出现反复开挖回填或先浅后深的施工现象。

因尼日利亚签证办理困难，除了按计划从中国派遣工人外，还需要考虑寻找当地的土建分包商和招募部分当地劳工的预案。国内派遣以搭设脚手架、支模板及高空作业全能的熟练木工优先。

现场经理每周组织召开生产协调会，对上周安全、质量、进度问题进行小结，根据计划布置下一步的安全、质量、进度控制点。出现影响进度的不利因素时，要及时解决。对于拖延的进度，要采取补救措施。

第二节　工程商务管理

（一）项目收款计划

2016年2月1日，CBMI与BUA集团举行了双边高层会议，就合同商务达成了一致，编制了项目工程款回收计划，并且经双方确认。

（二）项目成本预测

按照公司全面预算管理和资金收支预算管理要求，项目部编制了现场成本预算表，同时会同商务经理编制了年度资金收支预算表、项目毛利预算表、项目目标成本表等。

（三）项目部现场成本管理控制要点

1. 项目部结合公司体系文件，建立相应的现场管理制度，规范管理程序，履行财务管理职能，降低管理费用支出，使现场成本支出控制在预算范围内。

2. 项目部每月编制现场支出计划表，在执行中注意计划控制，月末财务部进行支出汇总、核算和成本分析。如果有重大背离，项目部要及时纠偏。

3. 项目部要合理组织施工进度，控制工期，以降低间接成本。

4. 项目执行中，做好技术、质量、安全操作交底工作，工程技术人员应抓好技术措施的落实，控制和节约工程材料使用；监督作业层按经过批准的合理施工方案进行施工，特别要注意合理规划大型机械的使用，减少和避免不必要的闲置；把好每一道工序的质量关，避免返工。

5. 现场管理人员合理控制分配劳动力，减少非生产用工和无产值用工，采用先进的施工工法、施工技术、机具提高劳动生产率。

总之，对于具体操作需要结合项目实际情况，做好资金调度、物料平衡等工作；项目部管理团队要重点做好各部门的协调工作，保证各方面协调统一。要找准降本增效的关键点，在现场施工各领域开展降本增效活动。

（四）项目风险分析

业主支付方面的风险：由于BUA集团资金困境及尼日利亚国家美元管控，项目执行中存在业主应付账款不能及时支付，导致项目垫资和项目延误风险。在公司执行的其他与BUA集团的合同包括EDO2线项目、EDO1期安装项目、EDO1期生产运营项目，都曾发生过业主大量欠付问题。EDO2线项目曾多次开会研讨，寻找规避该风险的办法，当前主要可采取的措施包括：

1.总体控制原则

积极关注业主的资金状况，在采购、现场工程实施资金投入方面，把控好节奏。在商务执行上按项目收款计划加强应收款项管理并及时梳理过程中项目净现金流状况。现场工程实施过程中要结合业主支付状况，控制好劳务人员进场时间。如遇到重大支付延误，及时汇报公司领导，寻求克服困境思路。

2.收支计划管理

项目部会同公司职能部门，按照项目一级计划，编制各专业月度资金使用计划，包括设计资金月度计划、采购部的设备采购月度支付计划、工程管理部的钢结构采购月度支付计划、物流部的运输月度支付计划、项目部月度成本计划，由合同管理部汇总编制完成整个项目月度支付计划。与业主的月度付款计划对比，编制完成项目实施过程各月现金流报表。该现金流报表表明，从2016年12月至2017年7月，有8个月累计净现金流为负值。负值高峰为2017年2月达1.69亿元人民币。项目执行过程中，每两个月梳理一次总现金流，控制累计现金流不得超出计划，并适时调整支出计划，控制风险。

3.关于设备采购控制

到2016年5月下旬，业主完成了总额为3060万美元的17%的预付款支付。在区域经理、合同管理部、采购部、项目部召开的会议中确立了以下设备款支付原则：

转口设备，莱切立磨、ikn冷却机等由于交货周期长，可以按采购合同按时支付；

唐山中材重型机械有限公司分交的回转窑、堆取料机、立磨、收尘器等设备的分交部件，按采购二级计划控制制作进度和交货期；

其他国内生产周期较短的国产设备，在考虑不影响现场进度的前提下，倒排制作计划和交货期，定期组织会议讨论支付计划。

4.信用证下设备供货款收款控制

为保障业主有充足的时间筹集总额为4521万美元的资金，及时开立信用证及1553万美元的供货款现场奈拉支付，每个物流批次前2.5个月，项目部/合同管理部向业主提交基本的物流资料并申请业主开立信用证，并且积极与业主保持关于开证进度的联络，原则上，如业主不能及时开立信用证，将推迟发运时间。

5. 15%的尾款支付风险

依照2019年2月初的高层会议，占合同总额的15%（2700万美元）项目尾款，应当自BUA集团接收项目之日起（PAC）12月后支付。BUA集团提供一份等额的由CBMI确认的付款保函。该保函的形式和开具时间还没有明确，需要在双方的高层会议上推动此事的执行。

（五）奈拉贬值导致现场成本增加风险

2016年6月20日，尼日利亚奈拉对美元汇率由固定汇率机制调整为市场汇率机制。当日对美元的汇率从200:1飙升至280:1，并且还有很强的继续贬值趋势。随之而来的大宗材料涨价将带来现场成本的增加。奈拉贬值主要应对措施如下：

1. 项目合同以美元计价，在固定汇率机制期间，业主当地支付的奈拉汇率锁定在230:1。在尼日利亚采取市场机制汇率后，公司已发函要求业主按市场汇率支付当地应收款。

2. 在当前市场大宗材料价格增长幅度小于汇率贬值幅度的条件下，项目部尽量多采购储备一些用于施工的建筑材料（预购砂子7500t，石子3000t）。

3. 当地内陆运输全部采取奈拉支付。

4. 按照现场成本预测，到项目完工，当地成本折合美元约4000万，这基本与当期合同应收款项持平。但PAC1年后的应收当地货币（折合675万美元）的增值保值或利润，应提前做好税收筹划。

第三节　人力资源管理

（一）中材建设有限公司人力资源计划

项目部计划由中材建设有限公司派遣人力资源总人数75人，其中：

1.管理人员30人；

2.作业工人20人；

3.外聘工人25人（主要包括司机、厨师、搅拌站管理员、医生等特殊人员）。

（二）分包商人力资源计划

EDO2线项目分包商人力资源计划如表6-2所示。

EDO2线分包商人力资源计划表　　　　　　　　表6-2

序号	专业	国内分包队伍数量 / 人数
1	土建	2/265
2	预应力工程	1/6
3	机电安装	5/340
4	网架	1/15
5	筑炉保温	1/70
6	防腐	1/5
7	调试	1/14
	汇总	12/715

（三）人文关怀

中材建设尼日利亚有限公司的女职工分布于行政、人力、技术、市场等各个部门。每个人在各自不同的岗位上默默工作、一丝不苟、精益求精。广大女职工长期以来为公司发展、项目建设、属地化工作做出了突出贡献。中尼双方职工虽然肤色不同、民族多样、语言各异，因为中材建设这个大家庭让大家相聚在一起，团结一致，积极推动了尼日利亚公司的全面发展，如图6-2所示。

图6-2　女职工欢聚一堂庆祝节日

　　每到3月8日——国际妇女节到来的时候，工会组织都会为全体女职工发放节日礼物，送上节日的问候和诚挚的祝福。女职工在忙碌而有序的工作之后，就会欢聚在一起，迎接她们共同的节日。她们通过茶话会、才艺展示等活动庆祝节日的到来，共享欢乐时光。

第四节　工程设计管理

（一）设计范围

　　EDO2线项目地处尼日利亚中部EDO州北部，毗邻中材建设有限公司负责安装的EDO1期项目厂区，位于阿布贾以南220km，距离东部拉各斯港大约450km，距离南部瓦里港大约230km。

　　本工程为涵盖工程设计、机械/电气/钢结构/彩板供货、海运和内陆运输、土建及结构工程、机电设备安装工程、培训、试生产、性能测试及移交等完整的EPC交钥匙工程，工程范围从矿山破碎直到水泥发运（矿山至厂区的7km长皮带作为合同变更包括在本合同范围内），如图6-3所示。本工程不含煤磨、自备电厂、实验室及设备、水泥散装、厂区绿化。

图6-3 尼日利亚EDO2线项目效果图

整个厂区设计标高主要分为：原料段（从石灰石破碎车间到原料调配站）设计标高113m；熟料段（从原料喂料楼到熟料库）设计标高116m；水泥段（从水泥调配到水泥包装）设计标高120m。

厂区各建筑结构以钢筋混凝土为基础，钢结构为上部框架，最高地面建筑物为预热器，最顶部高度达105m，所有车间设计使用年限为50年。

各主要子项结构形式及土建工程部分预估工程量如表6-3所示。

各主要子项结构形式及土建工程部分预估工程量表　　　　　表6-3

序号	车间名称	开挖（m³）	回填（m³）	混凝土（m³）	钢筋（t）	防水（m²）	结构形式描述
1	石灰石破碎及输送	31197	20520	3695	435	0	钢筋混凝土
2	石灰石堆棚及输送	34910	28126	7738	754	0	钢结构
3	辅料破碎及输送	16590	10770	2101	246	0	钢筋混凝土
4	辅料堆棚及输送	29124	23874	6730	727	0	钢结构
5	原料粉磨/废气处理	12554	8962	3510	320	0	大块式基础结构框架
6	生料库及入窑喂料	4066	2510	4728	781	0	筒仓结构

序号	车间名称	开挖（m³）	回填（m³）	混凝土（m³）	钢筋（t）	防水（m²）	结构形式描述
7	烧成窑尾	7080	5195	2912	340	0	钢筋混凝土框架
8	烧成窑中	3910	2695	2439	271	0	大块式基础结构
9	烧成窑头	10550	8865	2833	288	0	钢筋混凝土框架
10	熟料库及输送	19500	18050	9256	1292	0	筒仓及混凝土框架
11	水泥调配	3195	1842	1247	147	0	钢筋混凝土框架
12	水泥粉磨	8431	4648	4458	359	0	大块式基础结构框架
13	水泥储存库及输送	8885	5540	8200	1257	693	筒仓结构
14	水泥包装及发运车间	7144	6250	1538	100	0	钢筋混凝土框架
15	耐火材料库	3172	2840	537	30	0	钢结构
16	联合水泵站及水池	1028	400	337	41	534	钢筋混凝土框架
17	污水处理	1280	710	141	17	22	钢筋混凝土框架
18	压缩空气站（一、二）	1066	940	261	19	250	砖混结构
19	总降	614	552	159	15	175	钢筋混凝土框架
20	电缆廊道	3740	3458	263	16	0	钢结构
21	堆棚电力室	1396	1242	402	36	502	钢筋混凝土框架
22	原料配料电力室	576	514	168	16	176	钢筋混凝土框架
23	原料磨电力室	1247	1128	333	30	375	钢筋混凝土框架
24	窑头电力室	1012	885	331	28	367	钢筋混凝土框架
25	场区总平面	184127	121840	9402	215		砖混结构
26	—	—	—	—	—	—	
27	—	—	—	—	—	—	
28	合计	406402	290459	76220	7998	5090	

（二）主要机械设备配置情况

主要机械设备配置情况如表6-4所示。

主要机械设备配置表　　　　　　　　　　　表6-4

设备名称	能力	参数
回转窑	6000 t/ 24h	直径 5.2m，长度 65m
预热器	6000 t/ 24h	
冷却机	6000 t/ 24h	
石灰石破碎机	1500t/h	进料粒度 1200×1000×1000
		出料粒度 90%<80mm
		电耗 1.2kW·h/t
红土破碎机	400t/h	进料粒度 300mm
		出料粒度 90%，<80mm
混合料堆料机	2280t/h	
混合料取料机	600t/h	
石膏 & 铁矿石破碎机	300t/h	进料粒度 200mm，石膏 150mm，铁矿石
		出料粒度 90%，<80mm
		电耗 0.75kW·h/t
辅料堆料机	1800t/h	
矫正料取料机	345t/h	
添加料取料机	230t/h	
原料立磨	465t/h	LM56.4 电耗 24kW·h/t(系统) 3400kW
水泥磨	200t/h	LM53.3+3 电耗 35kW·h/t（系统）4200kW
包装机	4×120t	
装车机	8×60t	
循环风机	处理风量：1060400m³/h	功率 4450kW –112mbar
尾排风机（变频）	处理风量：1150000m³/h	功率 1400kW –30.8mbar
高温风机（变频）	处理风量：1090485m³/h	功率 3300kW –79.8mbar

设备名称	能力	参数
窑头排风机（变频）	处理风量：873447m³/h	功率 720kW –20.5mbar
水泥磨系统风机 1 号	处理风量：705200m³/h	功率 2500kW –80mbar
水泥磨系统风机 2 号	处理风量：705200m³/h	功率 2500kW –80mbar
窑尾布袋收尘器	处理风量：1095000m³/h	
窑头电收尘	处理风量：844467m³/h	
水泥磨布袋收尘器 ×2	635252m³/h	
主燃烧器	92.5Gcal/h	
入窑提升机	425t/h	提升高度 112m
入库提升机	560t/h	提升高度 64m
斜拉链	375t/h	提升高度 65m，角度 40°

（三）优化土方量

根据当地勘测结果，设计不需要考虑抗震等级，结合现场地形对部分车间的土方设计方案进行了优化。

EDO2线项目辅料破碎车间地处山岭重丘，植被茂密，地形起伏大，周边都是丘陵地带，场地标高较高，而且其地下岩石结构完整，岩土层丰富连续，给大方量土方开挖增加了较大的难度，此外还必须结合爆破手段才能开挖到设计标高。设计人员反复研究原始地貌图，结合项目管理团队各项提议，经现场多次勘察，最终决定依山就势选定一处坡度较缓的半坡处作为辅料破碎车间位置，该位置不仅地质条件有利于破碎车间土建施工，同时山坡地形将大幅度减少上料平台土方工程量。

1. 优化设计方案

本项目辅料破碎车间原定于丘陵一处坡底，周边地形凹凸不平，且依傍的山坡坡度较大，整个车间场平至设计标高挖方量约6619m³，回填量约为4960m³，考虑周边岩石结构丰富，大体积挖方不易施工，对其进行设计优化。

（1）第一次优化

根据地质勘察报告和地形特点，第一次方案优化决定适当提高破碎车间的设计标高，在原设计标高上再往上提高3m，来减少挖方量。第一次土方优化如图6-4所示。

第一次优化后，总挖方量减至3000m³左右，总回填量6000余m³，大大减少了开挖量及爆破量，但考虑施工仍有一定难度，项目决定根据现场地形特点进一步优化方案，试着找到最合适的破碎位置。

（2）第二次优化

在第一次优化的基础上，项目设计人员看到了进一步削减挖方量、爆破量的可能，根据地势图中的地形特点，发现一处丘陵斜坡的半山腰处坡度较缓，地质结构良好，面积适宜，回填整平后即可满足破碎车间的施工要求，于是项目决定依山就势，顺着半山坡平场地，建破碎车间。第二次土方优化如图6-5所示。

第二次优化后，原设计的6619m³挖方量被全部优化，回填量从原设计4960m³增加到8786m³，单项车间土方总量减少2793m³，此外爆破量也被全部优化。

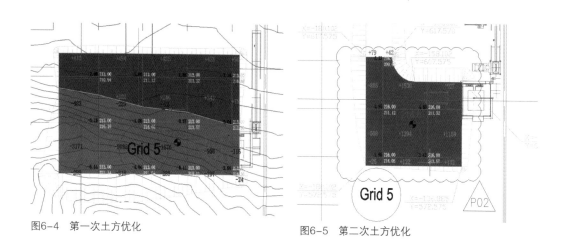

图6-4　第一次土方优化　　　　　　　　图6-5　第二次土方优化

2. 优化价值

辅料破碎车间经过两次的土方优化，将原设计的6619m³挖方量全部优化，大大减少了土方开挖时间，尤其是在这种岩石结构复杂的丘陵地带，挖方量优化的同时也就意味着爆破量的优化，这直接省去了爆破这一环节所有的成本。按照平均的挖方施工以及爆破施工的效率，这一优化方案直接减少了近两周的施工工期，大幅推进了工作进程，提升了项目的经济效益，辅料破碎车间施工见图6-6。

（四）基础优化

本项目生料库地底附近有一个倾斜走向的岩层，其岩石结构稳定，强度较大，当开挖到这一岩层时，距离基础底还有2m左右的深度，继续开挖已不再可能，必须结合爆

图6-6 辅料破碎车间施工现场图

生料库基础优化为高差2.3m异形基础

图6-7 生料库异形基础

破等相关措施才能往下开挖，但若采用爆破的方式，则需要清理掉数百立方米岩土，难度较大，耗时耗材多，项目管理团队展开讨论，打算从生料库基础方面进行优化，在减少爆破量的同时又能方便基础施工。

1. 基础优化

库底岩层为斜坡走势，但坡度不大，项目试着利用这一缓坡直接在上方浇筑垫层，再施工基础。考虑岩层带的完整性好，岩石强度大，有足够的承载能力承受库体荷载，经过项目管理团队的分析和讨论，决定优化生料库基础，沿着岩层走向施工一个高差2.3m的异形基础。生料库异形基础如图6-7所示。

2. 经济效益

通过基础优化，生料库最终采用的异形基础结构稳定，施工方便，相比通常情况下的换填措施或爆破手段，这一异形基础省时省工，直接省掉了上百立方米的换填量或爆破量，既解决了施工难题，又减少了施工成本，经济效益显著，不同基础处理措施经济效益对比表如表6-5所示。

不同基础处理措施经济效益对比表 表6-5

处理成本 ＼ 处理措施	异形基础	换填C15混凝土	爆破岩石
施工量（m³）	0	340	700
工程造价（元）	0	102000	28000

（五）熟料库采用网架结构屋面

1. 传统型钢结构屋面的特点和弊端

在本公司的其他项目中，熟料库的屋面均采用的是型钢结构，这种结构有其显著的优点，如：强度高、韧性塑性好，钢结构一般不会因为偶然超载或局部超载而突然断裂破坏，且对动力荷载的适应性较强，还具有良好的耐热性等性能。但这种型钢屋面也有许多弊端和局限性，其结构主要由型钢和钢板等制成的钢梁、钢柱、钢桁架等构件组成，有用钢量大、采光效果差、防火性能差以及最大跨度有限等缺点。

2. 网架结构屋面优点

本项目结合型钢屋面的弊端，基于熟料库屋面大直径、大跨度的特点，决定采用网架结构屋面，网架结构相比型钢结构（图6-8）有以下优点。

图6-8　EDO2项目熟料库网架结构库顶

（1）工作空间大，传力途径简洁，对大跨度、大柱网屋盖结构比较合适；

（2）结构质量轻，经济指标好。与同等跨度的型钢屋架相比，当跨度<30m时，可节省用钢量5%～10%；当跨度>30m时，可节省10%～20%；

（3）空间刚度大，结构自重小，抗震性能好；

（4）施工安装简便。网架杆件和节点类型少，尺寸不大。运输、储存、装卸、拼装都比较方便；

（5）网架的工作面布置灵活，有利于管道和设备安装。

3. 网架结构屋面经济效益分析

熟料库采用的网架结构屋面对比其他项目采用的型钢屋面，在同直径库体下，网架结构屋面用钢量及安装费用比采用型钢屋面节省约100万元，具体对比见表6-6。

相同规格不同屋面结构经济效益对比表　　表6-6

名称	用钢量（t）	制作费用（元/t）	安装费用（元/t）	工程造价（元）
EDO 项目网架结构	158	5100	1300	1011200
其他项目型钢结构	280	6300	1070	2063600
工程造价差量	-122			-1052400

结合表中的数据，可以明显看出网架结构屋面在用钢量和制作安装费用上都远小于型钢结构屋面，大大减少了施工成本。此外，这种网架结构轻巧灵活，便于现场施工，加快了项目施工进程。

第五节　工程物资管理

根据公司以往在尼日利亚EDO1期项目和Unicem项目的操作经验，项目部计划以包清工的方式实施工程分包建设，充分发挥分包队伍的优势，使分包队伍把主要精力投入到工程施工中。项目团队负责后勤保障服务及工程管理工作，重点做好以下材料的供应。

（一）钢筋

根据经验，从尼日利亚当地采购钢筋，单价折合成人民币是每吨4600元。钢筋从国内采购运输到尼日利亚的综合单价是每吨3550元，平均每吨节约1000元人民币。钢筋从国内发运虽然可以节省费用，但仍需综合考虑发运时间等因素。因此，本项目的钢筋采购原则如下：预提5000t（70%左右）的钢筋，随项目第一船发运；剩余钢筋视现场施工进度及发运进度进行综合考虑，然后决定采购发运方式，原则上不影响工期的从国内采购发运至现场。

（二）钢板

6~20mm的钢板从国内采购发运至现场的价格与从尼日利亚当地采购比较，平均每吨节约2000元人民币左右。从成本方面考虑，批量大的钢板可以从国内采购发运至现场，零星使用可以在当地采购。

（三）主要建筑材料来源

混凝土：自建搅拌站，配套实验室制造。制造时能进行砂石筛分、混凝土配合比、混凝土压强、回填土密实度等试验。

砖：现场制造。

（四）主要周转材料

脚手架管：1050t（其中Unicem项目调拨800t，国内采购250t）。

木模板：17000张（分两批采购）。

钢模板：主要采用Unicem项目剩余钢模板，国内补充少量钢模板。

（五）运目的港选择

1.拉各斯港：拉各斯港位于项目现场的西面，距离现场较远，约450km，是尼日利亚的基础港，吞吐整个尼日利亚进出口货量的80%以上。在拉各斯港的码头，没有商量码头操作费和堆存费的余地，全部按照官方价格收取费用，堆存只有3d免费。另外拉各斯港口被燃油运输车辆严重堵塞。集装箱主要有2个商业码头运营，一个是阿帕帕港区的APMT，另外一个是廷坎港区的TICT。

2.瓦里港：瓦里港地处项目所在地南端，是最近的基础港，距离工地只有230km左右。这个港属于内港口，大约需要8h的内河航程。港口吃水深度大约在6.2m。这个港内共有3家码头，分别是INTELS、JB和AMS。其中INTELS主营为石油相关货物，JB是尼日利亚最大的港口公司，码头的硬件设施，港口管理较好。

通过物流部前期现场考察，并结合物流招标商务报价结果，公司选定瓦里港作为散货船目的港，拉各斯港为集装箱目的港。

3.物流计划与执行

项目计划发运量为3.7万t，约7.5万m^3。项目计划发运7个批次的散货船和约250个集装箱。

第六节　工程设备管理

工程设备包括搅拌站设备、主要土方和混凝土设备，计划沿用尼日利亚区域项目资源，土建施工主要机具配置、制作厂机具配置、制作厂大型机具规划分别如表6-7～表6-9所示。

土建施工主要机具配置表　　　　　　　表6-7

序号	名称	规格	单位	数量	用途
1	混凝土搅拌	HLS90	台	2	
2	散装水泥罐车	30t 台		1	散装水泥运输用
3	混凝土罐车	8m³	台	4	混凝土运输用
4	装载机	ZL50G	台	4	沙石上料、倒运
5	挖掘机	1.2m³，带凿头	台	4	基础开挖
6	混凝土泵车	泵臂47m	台	1	混凝土浇筑
7	自卸车	双桥26t	台	8	土方运输
8	卡车	载重20t	台	2	材料倒运用
9	拖板车	12m，载重20t	台	1	材料倒运用
10	压路机	18t（XS202J）	台	1	场地平整及修路
11	拖式混凝土泵	60型，垂直泵送高度>90m	台	1	滑模用
12	滑模设备	HY-72	台	2	滑模用

制作厂机具配置表　　　　　　　表6-8

序号	名称	规格	单位	数量	来源
1	门式起重机	10t，18m跨度	台	2	国内采购1台，调拨1台
2	剪板机	QCY12-20-2500	台	1	俄罗斯FER调拨
3	卷板机	W11-20-2500	台	1	俄罗斯FER调拨
4	卷板机	W11-16-2000	台	1	俄罗斯FER调拨
5	摇臂钻	Z3032×10	台	1	国内采购1台
6	交流焊机	500A	台	25	俄罗斯FER调拨
7	CO_2气保焊机		台	4	调拨
8	砂轮机		台	1	国内采购
9	磁力钻	MA×32	台	2	国内采购
10	等离子切割机		台	1	俄罗斯FER调拨
11	空压机		台	1	国内采购
12	喷砂涂装设备		套	1	俄罗斯FER调拨
13	半自动切割机		套	8	调拨

制作厂大型机具规划表

表6-9

序号	名称	规格	单位	数量	用途	备注
1	塔式起重机		台	5	库体、预热器	
2	履带式起重机	250t	辆	1	安装用	
3	履带式起重机	150t	辆	1	安装用	
4	履带式起重机	50t	辆	1	安装用	
5	汽车式起重机	100t	辆	1	安装用	
6	汽车式起重机	50t	辆	4	安装用	
7	汽车式起重机	25t	辆	4	安装和土建用	
8	门式起重机	10t，18m跨	台	4	制作用	配300m轨道、挡板
9	叉车	3t	辆	1	制作用	
10	叉车	5t	辆	1	制作用	
11	摇臂钻		台	3	制作用	
12	剪板机		台	2	制作用	
13	喷砂工具		套	1	制作用	空压机要求 $6m^3$
14	卷板机		台	2	制作用	
15	制砖机		台	1	生产多孔砖	

第七节　工程质量管理

根据中材建设有限公司ISO9000/ISO14000质量环境管理手册规定，结合建设单位对工程的整体质量要求，在本项目的施工中项目组制定的质量目标是：所有工程质量合格率100%，工程质量优良，各项指标达到设计要求。

（一）设计质量控制

技术经理按照技术中心质量控制体系要求，加大对专业内部设备审核制度的执行力度，加强专业间的衔接协调，督促专业间图纸设计文件会审的会签，及时进行技术会议安排等，避免设计质量问题的出现。

设计工程量控制：作为成本控制的重要组成部分，对于设计工程量的控制是设计管理工作的一个重点内容。其控制重点为土建和钢结构的设计工程量。将考核指标按投标计算依据（专业车间划分）进行分解，确认总量/分项是否能够满足要求。在项目执行过程中，主要车间设计完成后，要由专业室先进行工程量初步计算，超过考核指标的，要进行优化设计，如评审后确实不能减少，经批准后正式提图给业主。

（二）设备制造质量控制

采购部在设备确认后，提交设备的生产进度计划，同时根据QCP制定的检查节点计划，提交质控部安排质控检查。涉及业主方面需要参与检查的设备在质控部和业主协商具体日期后，安排检查，以便采购部提前联系供货商做好相应的检查准备及质量控制文件。质控部根据设备采购合同信息，直接与供货商取得联系，制定和实施检查计划。

1. 质控部负责对设备质量、质检报告进行检查，验收完成后及时通知采购部，由采购部通知供货商进行设备包装、组织发运。

2. 设备完成发运交货后，采购部要求厂家提供电子版质控资料，提交质控部审核合格后，统一邮寄到采购部，采购部提交质控部，由质控部将收到的资料移交给项目经理部。

3. 大宗物资管理：项目部应结合工程进展需求编制大宗物资采购计划，采购计划须按格式准确、清楚地填写。安全物资、药品、食品、机具设备、材料应当分别列明并根据公司管理制度经主管部门审批同意后方可交付采购部执行。

（三）施工质量过程控制

由专业主管编制质量控制计划和施工技术方案，由施工管理员组织每一道工序检查和验收，由专业主管组织分项、分部工程验收和各专业间的交接验收，由现场经理组织工程的整体验收，并由各级管理责任人做出相应的记录。

建立检查机制，专职质量员和施工管理员每天对施工现场进行日常的质量巡检并填写质量日志；质量主管每周五组织质量专项检查；现场经理每月15日和30日组织各专业主管及质量主管对施工现场进行质量综合检查。对每次检查出现的问题，及时整改。

（四）施工质量控制网络

施工质量控制网络如图6-9所示。

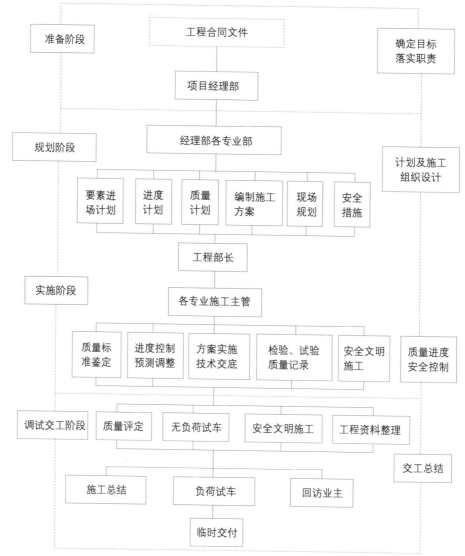

图6-9 施工质量控制网络图

（五）施工质量控制执行标准

1.《工程测量标准》GB 50026—2020

2.《建筑地基基础工程施工质量验收标准》GB 50202—2018

3.《混凝土结构工程施工质量验收规范》GB 50204—2015

4.《砌体结构工程施工质量验收规范》GB 50203—2011

5.《建筑工程施工质量验收统一标准》GB 50300—2013

6.《钢结构工程施工质量验收标准》GB 50205—2020

7.《地下防水工程质量验收规范》GB 50208—2011

8.《混凝土结构工程施工规范》GB 50666—2011

9.《钢筋混凝土筒仓施工与质量验收规范》GB 50669—2011

10.《钢结构工程施工规范》GB 50755—2012

11.《压型金属板工程应用技术规范》GB 50896—2013

12.《固定式钢梯及平台安全要求　第1部分：钢直梯》GB 4053.1—2009

13.《砌体结构工程施工规范》GB 50924—2014

14.《钢网架螺栓球节点用高强度螺栓》GB/T 16939—2016

15.《钢筋混凝土用钢 第2部分：热轧带肋钢筋》GB/T1499.2—2018

16.《建筑物防雷工程施工与质量验收规范》GB 50601—2010

17.《建筑给水排水及采暖工程施工质量验收规范》GB 50242—2002

18.《给水排水管道工程施工及验收规范》GB 50268—2008

19.《工业金属管道工程施工规范》GB 50235—2010

20.《建材工业设备安装工程施工及验收标准》GB/T 50561—2019

21.《工业炉砌筑工程质量验收标准》GB 50309—2017

22.《工业设备及管道绝热工程施工规范》GB 50126—2008

23.《电气装置安装工程 盘、柜及二次回路接线施工及验收规范》GB 50171—2012

24.《电气装置安装工程 电缆线路施工及验收标准》GB 50168—2018

25.《自动化仪表工程施工及质量验收规范》GB 50093—2013

26.《建筑电气工程施工质量验收规范》GB 50303—2015

27.《电缆管理用导管系统 第1部分：通用要求》GB/T 20041.1—2015

28.《电气装置安装工程 电力变压器、油浸电抗器、互感器施工及验收规范》GB 50148—2010

29.《电气装置安装工程 母线装置施工及验收规范》GB 50149—2010

30.《电气装置安装工程 电气设备交接试验标准》GB 50150—2016

31.《电气装置安装工程 接地装置施工及验收规范》GB 50169—2016

32.《电气装置安装工程 旋转电机施工及验收标准》GB 50170—2018

33.《电气装置安装工程 低压电器施工及验收规范》GB 50254—2014

为了提升质量管理和施工技术人员的业务素质，需要定期组织对以上国家标准和规范进行培训和考试，如图6-10所示。

图6-10　国家标准培训考试

（六）安装工程施工质量过程控制程序

施工过程控制程序如图6-11～图6-14所示。

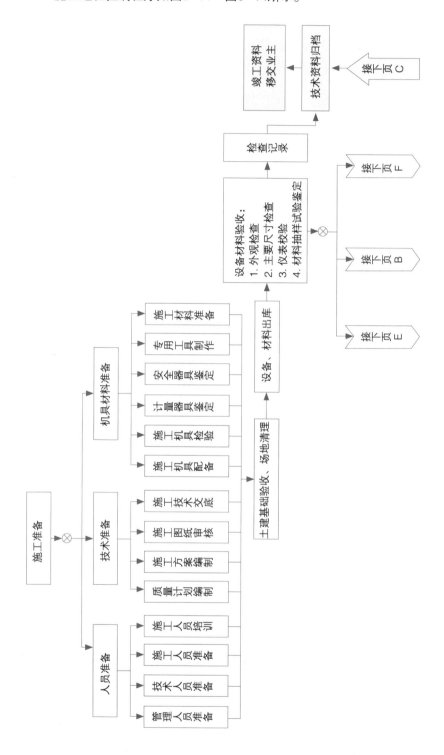

图6-11 施工过程控制程序图1

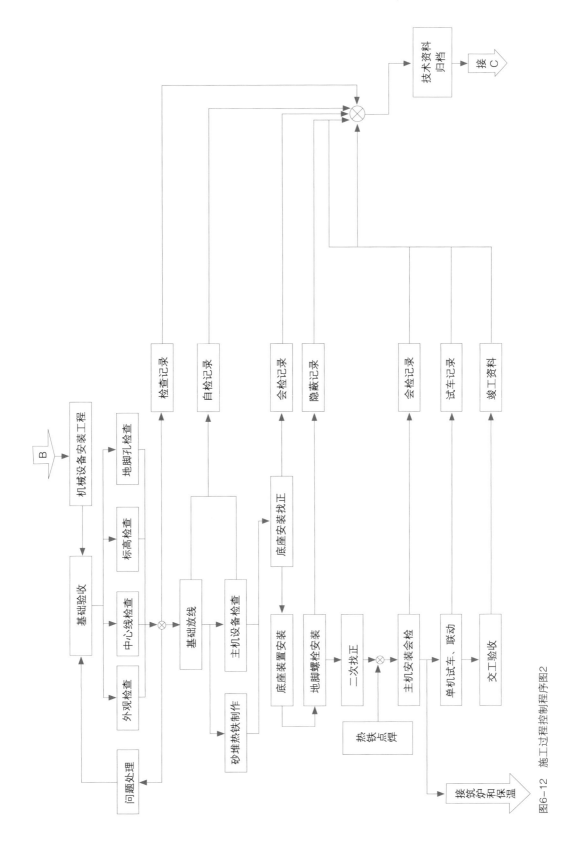

图6-12 施工过程控制程序图2

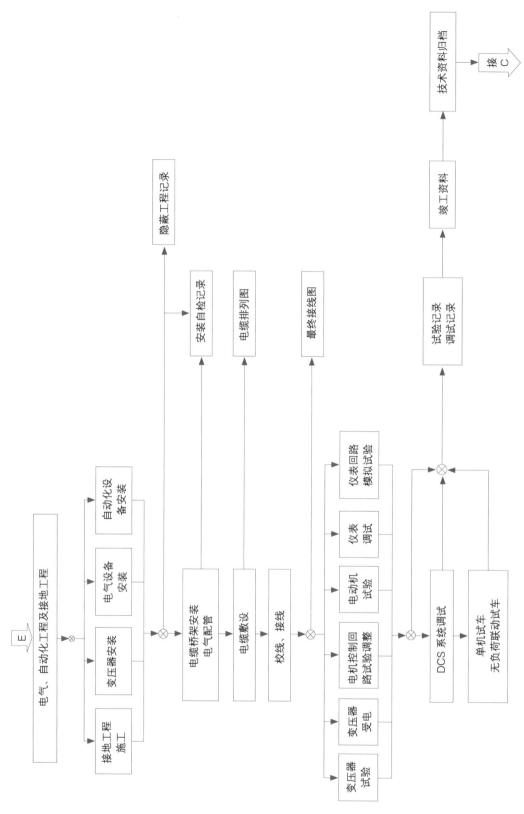

图6-13 施工过程控制程序图3

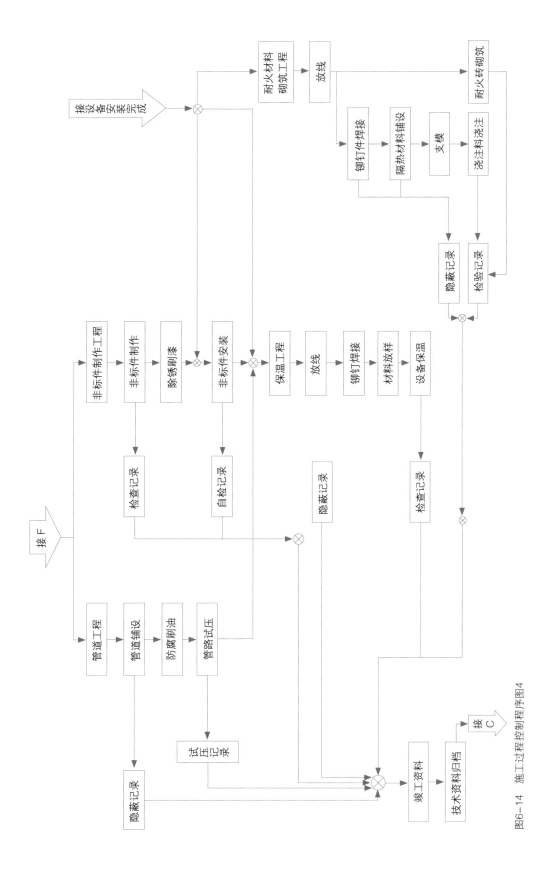

图6-14 施工过程控制程序图4

第八节　工程安全管理

（一）安全生产目标

重大以上安全事故为零。

（二）施工人员着装要求

工作中正确穿戴和使用个人劳动防护用品（PPE），能有效降低风险伤害。现场安全管理要求分包商、供应商及业主、总包商的所有雇员在进入施工现场前必须穿戴好个人劳动防护用品（PPE），禁止穿着短袖、裤衩、拖鞋进入现场。

（三）人员入场及胸卡、培训申请流程

1. 安全培训

事故预防在很大程度上要靠给员工进行针对现场条件和具体工作的培训，即便是熟练的员工，每一个新工作环境和工作内容都会有不同的风险。项目部要求所有的员工和合同方员工都必须熟知其工作环境、工作中的危害和应急措施。所有进入施工现场的工作人员或访客，都必须符合要求并接受总承包方的入场安全教育或培训。

培训包括但不限于以下内容：

（1）地方政府要求的强制性安全培训；

（2）新员工入场培训；

（3）专业的工作安全培训；

（4）其他特定作业的培训。

分包商在员工入场前应进行身份登记并将电子档提交至安全部统一登记汇总。培训结束后将取得由项目管理组授权的进入现场的胸卡。

2. 胸卡申请

胸卡是用来辨识和控制进入施工现场人员的有效证件，没有胸卡不得进入现场。

胸卡分长期胸卡（适用于在现场工作时间超过3天的人员）、临时胸卡（适用于在现场工作时间不超过3天的人员）和访客卡（适用于临时参观或探访人员）3种，如图6-15所示。

长期胸卡申请的基本要求：

图6-15　胸卡种类

（1）申请人必须持有本人有效身份证件原件，年满18～60周岁，身体健康。

（2）申请人必须是分包商在施工现场工作的人员，并按要求接受业主或总包商组织的安全培训。

（四）设备入场报验流程

设备入场报验流程如图6-16所示。

图6-16　设备入场报验流程图

报验检查包括但不限于以下设备：起重机、机动车、叉车、焊接设备、喷砂设备、空压机、发电机、打桩机具、起重传动装置、起重设备、电动工具和电气设备等。

（五）现场基本规则及保安管理要求

1. 现场基本规则

（1）厂区内车辆限速15km/h；

（2）现场除指定地点之外严禁吸烟；

（3）严禁大声喧哗或者打闹，严禁带小孩进场；

（4）严禁饮酒或者使用违禁药品；

（5）每天工作不得超过12h；

（6）1.8m（含1.8m）以上高处作业存在坠落危险必须系挂好安全带；

（7）任何有极度疲劳或者饮酒/使用了违禁药品迹象的人员都不允许进入现场；

（8）严禁携带武器或管制器具；

（9）任何偷窃业主或者承包商财物的行为都是不可容忍的；

（10）必须向安全部报告所有的事故以及伤害情况。

2. 现场保安管理基本要求

（1）进出门岗时主动向保安出示胸卡；

（2）所有来访人员以及送货车司机必须遵守项目安全规定并在入口处登记；

（3）对于进场培训的员工，请持有本人有效身份证明原件，并在门岗处经保安核对胸卡申请表后方可进入现场；

（4）所有来访人员必须服从项目管理人员的管理；

（5）所有的车辆（包括起重设备）进出现场前必须经过项目管理组授权的保安人员的检查。当携带材料或设备出门时，必须有材料出门凭条；

（6）保安每天对进出现场人员的个人防护用品进行检查，对个人防护设备穿戴不全或PPE破损者拒绝进入现场，并进行登记；

（7）保安全天24h门岗值班，夜间指派人员进行场区巡逻，对违反安全规定的人员有权制止并报告，对现场盗窃材料或设备的人员有权暂时扣押。

（六）安全用电规则

1. 临时用电基本要求

（1）电气线路的架设采用三相五线制，所有电线均应架空，过道或穿墙均要用钢管或胶套管保护，严禁利用大地作为工作零线。外电线路的安全距离，必须符合《施工现场临时用电安全技术规范（附条文说明）》JGJ 46—2005的标准；

（2）配电箱、开关箱内电气设备应完好无缺。箱体下方进出线，开关箱应符合"一机一闸一漏一箱"的要求，门、锁完善，有防雨、防尘措施，箱内无杂物，箱前通道畅通，并应对电箱统一编号，标上责任人员和维修电工姓名电话，刷上危险标志。保护零线（PE、绿/黄线）中间和末端必须重复接地，严禁与工作零线混接；产生振动的设备的重复接地应不少于两处；

（3）临时用电施工组织设计和临时安全用电技术措施及电气防火措施，必须由电气工程技术人员编制，技术负责人审核，经主管部门批准后实施；

（4）安装、维修或拆除临时用电工程，必须由持证电工完成，无证人员禁止上岗。电工等级应同工程的难易程度和技术复杂性相适应；

（5）使用设备必须按规定穿戴和配备好相应的劳动防护用品，并应检查电气装置和保护设施是否完好，严禁设备带病运转和进行运转中维修；

（6）停用的设备必须拉闸断电，锁好开关箱。负载线、保护零线和开关箱发现问题应及时报告解决。搬迁或移动用电设备，必须由专业电工切断电源并作妥善处理；

（7）按规范做好施工现场临时安全用电的安全技术档案；

（8）在建工程与外电线路的安全距离及外电防护和接地与防雷等应严格按规范执行；

（9）配电线路的架空线必须采用绝缘铜线或绝缘铝线。架空线必须设置在专用电杆上，严禁架设在树木或脚手架、龙门架或井字架上；

（10）空线的接头、相序排列、档距、线间距离及横担的垂直距离和横担的选择及规格，严格执行规范规定。

2. 配电箱停电、接拆线程序

（1）任何配电箱的接线，拆线事宜，下级配电箱的电工须根据配电箱上张贴的联系方式与配电箱的负责电工联系；

（2）连接下级配电箱的接线端上须有下级配电箱负责电工的姓名和联系方式；

（3）配电箱负责电工使用对讲机或电话与下级配电箱电工联系确认后，方可断电；

（4）配电箱负责电工断电时须关掉配电箱内所有的开关；

（5）配电箱负责电工拆下安全防护板，使用电笔检测，确保配电箱已完全断电；

（6）配电箱负责电工进行拆线接线操作；

（7）配电箱负责电工接拆线完成，检查确认无误后，安装安全护板；

（8）配电箱负责电工通知所有接入的下级配电箱的负责电工，确认已关闭下级电箱的所有电源后，方可送电；

（9）下级配电箱的负责电工也必须遵照本程序进行断送电操作；

（10）负责电工在进行接拆线工作时，下级配电箱的负责电工必须把其对应的开关置于关断状态。

电工根据电箱内接线端的联络标签联络后，如若断电作业前某些接线的负责电工不能通知到位，进行了断电作业，所产生的后果由没有提供有效联系方式的分包商承担；但是电工在联系不到后应及时通知安全部断送电作业区域、电箱以及通知不到位的电工，送电作业时，如果联系不到下级配电箱负责电工则不能送电，直至所属单位电工前来要求送电。

（七）脚手架挂牌程序

1. 脚手架三种标牌的用途和要求

（1）红牌

不合格脚手架、禁止使用的脚手架。仅限专业脚手架安装队架子工使用的脚手架，且架子工必须佩戴PPE和采取坠落保护设施。

（2）绿牌

脚手架经过检查验收，完全符合我国《建筑施工扣件式钢管脚手架安全技术规范》JGJ 130—2011和总包商的要求。特别是护栏和脚手板齐全，安全通道是踏步楼梯或坡道或斜梯，所有工人可以在脚手架上工作。在扶手内侧范围内，工作行走无坠落风险，可以不系挂安全带。

（3）黄牌

脚手架经过检查验收，不完全符合我国《建筑施工扣件式钢管脚手架安全技术规范》JGJ 130—2011和总包商的要求。在脚手架上工作行走坠落风险无法避免，如安装模板时一些部位无法用护栏封闭。在脚手架上高处作业，必须申请施工许可，接受高处作业培训和系挂安全带，或使用生命线、防坠器等。

脚手架标牌类型如图6-17所示。

图6-17　脚手架标牌类型

2. 脚手架检查验收制度

（1）合同中规定的有关责任方应派代表参加脚手架的检查验收。验收团队包括：总包单位，监理单位，分包单位（脚手架使用单位、脚手架安装单位）。

（2）脚手架验收按照脚手架检查清单逐项检查，分别在合格、不合格或不适上画勾，清单上不明确的项目在现场补充到清单上澄清。

（3）检查清单应与脚手架标牌相一致，并且一起使用，登记存档。

3. 脚手架挂牌制度

（1）从安装脚手架开始就给脚手架挂红牌，检查验收合格后将红牌更换为黄牌或绿牌，拆除脚手架开始将黄牌或绿牌更换为红牌并保持到脚手架拆除全部结束。

（2）脚手架黄牌或绿牌必须标明编号、位置、架设人、检查人、检查日期和限定最大使用荷载。

（3）登记并建立脚手架绿牌和黄牌档案。

（4）任何人未经授权，非法移动或损坏脚手架标牌将被驱逐出现场。

（5）脚手架标牌使用完毕，由发放单位回收、登记。

（八）能量控制

为了正确辨识危险源，有效控制水、气、电、化学危险品等能源带来的危害，分包商应严格遵守能量控制程序。

1. 锁定/标定程序

锁定/标定的范围包含但不限于以下：

（1）电气设备调试、测试、维修；

（2）管道压力试验、吹扫；

（3）输送设备、旋转设备试运转；

（4）配电箱、配电柜送断电和接拆线；

作业前施工负责人应检查作业环境，对涉及设备运转或启动的能量采取有效的隔离措施。执行锁定/标定的操作人员应经过特殊培训，并严格遵守一人一锁一把钥匙和一个标签的"四个一"制度。电气设备锁上一级电源箱；管道设备锁上下两个点；输送/旋转设备锁主动力电源箱。

2. 化学及危险物品管理

化学及危险物品的使用包含但不限于：

（1）有毒、有腐蚀性的酸、碱溶液；

（2）易挥发有毒性液体、固体；

（3）易燃烧、爆炸气体、液体、固体等。

化学品及危险物品的使用应遵循严格的审批手续；现场应建立专门的仓库用以存储化学品及危险物品；存储化学品、危险物品的场所应张贴物质安全数据表（MSDS），并保持干净整洁和通风，于显眼处贴上安全标识，放置合格的灭火器材和消防砂；用剩的化学物品严禁倒入下水管道，禁止随地乱倒，用过的化学品容器应放在指定的地点收集并统一进行处理。

（九）许可证控制流程

1. 每日工作计划和班前会

分包商每项工作的开展要有组织有计划进行。员工应明确当天计划的工作内容，安全员、班组长每天在工作开始之前对工人召开安全早会进行技术交底，并要求员工在班组会议记录上面签字，于当日下班之前交至安全部备案。

2. 工作许可证和工作危险分析

（1）作业前，施工负责人员应对作业环境和工作风险进行分析评估，认真填写工作危险分析报告。

（2）动火、开挖、吊装、脚手架拆除、管道试压、受限空间、爆破等危险性较大的作业必须严格执行工作许可证制度，只有在取得相关工程师的签字确认，经安全部门审核并检查作业现场批准后方可进行作业。

（3）夜间作业还应取得由总包商现场负责人签署的延时工作申请单。

（4）任何违反许可证许可的作业都将受到严厉的处罚，所有许可证都需要在安全部备案并放置于作业现场，对于现场签署的许可证，承包商需要提供一式两份，否则安全工程师有权拒绝签署。

（十）安全检查程序

1. 检查内容

检查内容包含但不限于以下几项：

（1）日常检查

全监督例行日常检查，查处和纠正违章行为。

（2）专项检查

针对特定的工作内容、特殊的工具设备，应制定专项检查的内容。

（3）每周安全大检查

每周定期进行一次职业健康、安全、环境综合大检；分包商应指派专职人员参加定期组织的安全检查，不得无故缺席或早退。有事不能参加时，必须向项目部组织实施安全检查的负责人请假。

安全检查内容如图6-18所示。

2. 安全会议制度

分包商应定期参加项目部组织的安全会议，不得无故缺席或早退。有事不能参加

图6-18　安全检查内容

时，必须向项目部组织召开安全会议的主持人请假。

（1）安全协调会

每天下班前半个小时，项目部及分包商专职安全员召开安全协调会议，对一天的安全工作提出整改要求。

（2）安全生产例会

每周由项目经理组织各专业及分包商负责人召开安全生产例会，协调解决安全问题，部署安全任务。

（3）安全大会

每周一上午6：30，现场召开安全大会，所有工人参加，主要强调现场安全要求及进行安全情况通报，加强员工安全教育的力度。

（4）每周安全报告

分包商每周应在规定的日期内按时向安全部递交安全报告。其中包括：人力资源配备和人员工时统计、安全培训情况、事故/先兆事件/人员受伤等详细的统计数据。

3. 安全违章罚款系统

违章行为：通报任何违反安全作业、安全规章制度及国家安全政策法规的违规、违纪、违法行为。

处罚：安全违规行为可以下列形式进行处罚：罚金、结束服务期或停工再培训。

罚金：从相关承包商处扣除一定的金额，扣款金额为项目部签发的罚款通知上列明的数额。

4. 安全奖励

（1）分包单位（人数超过10人）全月无轻伤及以上事故，工艺、设备零事故，无职工违反公司各项安全规章制度现象，对队伍负责人及专职安全员分别奖励500元、300元。

（2）施工班组（人数超过5人）全月无轻伤及以上事故，工艺、设备零事故，无职工违反公司各项安全规章制度现象，对班组长奖励300元。

（3）消除重大事故隐患，及时发现汇报或消除易造成重大伤亡、严重危害员工生命财产安全的事故隐患，对员工奖励500～1000元。

（4）工作认真负责，及时发现消除有关生产工艺、设备等安全方面隐患的，视情况奖励300～500元。

（5）每个分包单位（人数超过10人）每半年推荐一名安全表现良好、无违章记录的员工，其可带薪休假20天。

第九节　环境保护管理

（一）环境保护总则

1. 为加强现场文明施工管理，改善劳动环境，增强全体员工的环保意识，贯彻落实ISO14000环境标准，保证施工人员的安全与健康，以促进劳动生产率的提高，特制定本管理办法。

2. 本管理办法适用于本项目部所有管理部门、施工班组和分承包商。

3. 质安部负责实施和执行本管理办法。

（二）文明施工应遵循的原则及组织机构

1. 工地在开展安全生产检查活动时，要把文明施工情况列为一项重要内容。

2. 工地在安全生产工作布置、检查、考核、总结、评比的同时，检查、考核、总结、评比文明施工情况。

3. 工地施工现场必须设置明显的标牌。具体内容为：

（1）工程项目名称；

（2）建设单位、设计单位、施工单位；

（3）项目经理或项目负责人姓名；

（4）开、竣工日期；

（5）施工许可证批准文号等；

（6）文明施工组织机构见图6-19。

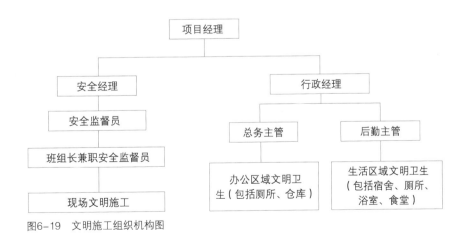

图6-19　文明施工组织机构图

（三）文明施工实施细则

1. 项目经理、工程技术人员、管理人员和施工人员佩戴证明其身份的胸卡上岗。

2. 进入施工现场必须正确佩戴安全帽，安全帽按规定统一标明企业标志。

3. 所有施工人员必须穿公司下发的黄色工作服，树立企业形象。有特殊工作要求的须经项目经理批准后例外。此条款将作为承包班组文明施工奖考核的依据之一。

4. 物资部对采购的物资应分类堆放整齐，并做好相应的标识。库房应设相应的安全标志、消防器材。将此作为对物资保管员工作业绩考核的依据之一。

5. 施工班组使用的材料，应由施工人员整齐地堆放在适当地方，做到不阻塞交通、不影响施工。

6. 施工人员要尽量节约材料，不能使用的边角废料应由各施工班组及时清理回收，有使用价值的交回物资部，不能使用的放于"废品区"。

7. 施工现场的废电缆（包括电缆头），必须由施工班组统一交物资部，严禁个人或班组私自处理，一经发现工地将严肃处理。

8. 设备开箱后的各种包装材料，施工班组配合设备保管部统一回收，如与业主有约定，服从约定要求。

9. 作业人员要充分合理使用工程所需材料，不得随意乱丢，做到施工场地整洁。

10. 设备清洗后的废汽油、清洗剂应由施工人员倒在指定的容器内，对清洗后遗留在地面上的清洗液也必须清理干净，所使用的棉布也应存放于指定的位置或垃圾箱内。

11. 各施工班组不得随意燃烧废弃物、随意倾倒原、物料或垃圾，违者将对施工班组罚款50元。

12. 严禁乱丢焊条、螺栓、螺帽、垫圈、接线端子以及保温材料等，违者罚款5元/个（根）或按所弃材料的价格罚款。

13. 施工现场随便丢弃的钢材、道木等可回收物，如发现施工班组没有及时收回，且由设备倒运班组收回，倒运费用由承包班组支付。

14. 进行焊接作业时，要求每焊完一根焊条后必须将焊条头放在焊条筒内，然后送到指定地方存放，不得随意丢弃，违者罚款5元/根。

15. 制作、安装使用的各种楔铁、小角钢等应随时收集，不可随意乱扔，影响场地清洁。

16. 保温、筑炉产生的各种垃圾要求每天作业完毕后必须清扫一次，并将产生的废弃物存放在指定位置或垃圾箱内。

17. 现场使用的焊把线应确保绝缘良好，不得有铜芯外露现象。

18. 现场所产生的各种废弃物按照工程部指定的容器进行分类存放。

19. 制作场地要求每天作业完毕后清扫一次，工程部将每天进行检查，检查结果将作为评定承包班组文明施工奖的重要依据。

20. 工地每月进行安全检查的同时对现场文明施工进行全面检查，检查结果将作为评定承包班组文明施工奖的重要依据。由质安部将检查结果书面通报全工地。

（四）文明施工基本要求

做好文明施工，加强环境保护是每一个员工的职责与义务，分包商文明施工应满足以下基本的要求：

1. 场地平整无积水，无杂物、污物；

2. 道路平整，畅通无障碍；

3. 工作区域须整洁、卫生；每日做到工完场地清；

4. 材料堆放要整齐合理，并设置维护标识；

5. 围栏围护要到位，且符合标准；

6. 办公区域与施工区域须隔离并设置围挡；

7. 场地规划要合理，电缆线路须架空；

8. 生活设施要齐全，生活区域须整洁卫生

9. 工地大门要规整，标牌须齐全到位；

10. 工地防扬尘、降噪声措施到位；

11. 定期组织文明施工日活动，全员统一参与文明施工。

第十节　社会治安管理

项目所在区域属于热带季风气候，雨水偏多，雨季疟疾、伤寒等疾病高发，当地治安环境较差，对执行项目有较高要求。

目前尼日利亚埃多州治安状况趋于恶化，针对外国人员的绑架事件明显增多。最近1年内，项目周边共发生了4起针对外国人的绑架事件。当地社会治安风险较大。为规避当地社会治安风险，保障员工的安全，有必要从公司和项目层面系统性加强项目安保工作，联系专业保险机构对在国外项目员工办理绑架等事宜的保险。

项目部结合地域特点、作业方式、当地资源条件，识别所有绑架可能性的风险源，编制切实可行的安排方案和安保应急响应机制，并且在设施、安保人员、管理体系、执行力上给予极大的重视，尽力规避绑架事件的发生。

第七章　关键技术

Chapter 7　Key Technologies

第一节　滑模施工工艺

EDO2线水泥厂项目库体多，包括1个生料库、1个黄料库、1个熟料库、2个水泥库共5个库体，都是圆柱形混凝土筒仓结构，库体直径、高度不一，若采用传统散装木模板拼模手段，将耗费大量材料、人工和工时；为了减少成本，加快工期，项目决定所有库体均采用滑模施工工艺。

（一）滑模施工优势和特点

1. 滑模工程施工机械化程度高、现场场地占用少、结构整体性强、抗震性能好、安全作业有保障、环境与经济综合效益显著。

2. 滑模施工可以随着库壁的高度而不断上升，不间断连续循环作业，直到达到设计高度、完成整个施工。其适用于筒形建筑物施工，施工速度快，还能降低模板的损耗率。

3. 滑模施工前的准备工作十分详尽，包括模板开子支撑架的安装调试、液压千斤顶系统的安装调试、钢筋绑扎，护栏、马道、安全网的铺架等。

4. 滑模施工可以显著减少支、拆模板和搭、拆脚手架等工序次数，把高空立体作业改变成为操作平台的平面作业。

5. 滑动模板作为新的施工技术，不仅是技术的革新，更重要的是能带来成本的下降，质量效益的提高。

（二）滑模工艺流程

组装滑模平台→钢筋绑扎→混凝土浇筑→铁件预埋→孔洞预留→平台滑升→出模混凝土压光→模板拆除。滑模平台如图7-1所示。

（三）滑模工艺的施工效果和应用价值

滑模施工工法在尼日利亚EDO2线项目成功应用，多个库体连续施工，整体质量优

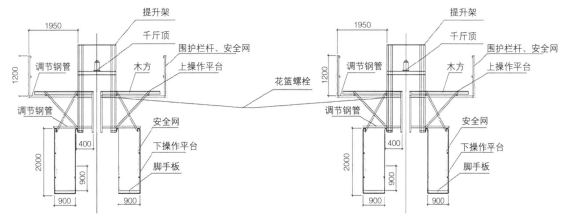

图7-1 滑模平台示意图

良，采用滑模工艺圆满完成了多个筒仓库体结构的施工，为后续其他水泥厂项目推广库体滑模工艺提供了施工技术保障。熟料库和黄料库效果图、生料库和水泥库施工效果图分别如图7-2、图7-3所示。

图7-2 熟料库和黄料库施工效果图

滑模工艺取消了固定模板，变固定死模板为滑移式活动钢模，从而不需要准备大量的固定模板架设技术，仅采用拉线、激光等作为结构高程、位置、方向的参照系，一次性连续施工完成筒体结构，工作效率高，整体形象美观，应用前景广阔。

图7-3　生料库和水泥库施工效果图

第二节　承插型盘扣式脚手架应用

盘扣式脚手架结构中的脚手架及支撑架适应性强，除搭设一些常规脚手架外，还可搭设悬挑结构，悬跨结构，整体移动、整体吊装架体等。盘扣式脚手架具有高功效，构造简单，拆装简便、快速等特点，完全避免了螺栓作业和零散扣件的丢损，接头拼、装、拆的速度比钢管扣件脚手架快5倍以上，拼、拆使用人力较少，工人用一把铁锤即可完成全部作业。两种脚手架结构对比如图7-4所示。

（一）盘扣式脚手架支撑体系施工工艺

1. 根据专项施工方案与支撑体系平面布置图，采用弹线放置每个可调底座，确保位置正确；

2. 支撑体系搭设应与模板施工相结合，利用可调底座及可调托座调整模板底模标高；

3. 严格按照施工流程作业，平面方向先采用四根立杆组合一个塔式稳定体，安装水平横杆后再向周边扩展；

4. 垂直方向搭完一层以后再搭设下一层，依此类推。

（二）盘扣式脚手架工作原理

盘扣式钢管脚手架采用新颖、美观、坚固的插头、插座铸钢焊接作为连接件，Q345钢管做主构件，立杆是在一定长度的钢管上每隔一定距离焊接上一个插座，顶部带5～7个连接杆。横杆是在钢管两端焊接插头而成。立杆为竖向受力杆件，通过横杆拉结组成支架。该支架的连接点能够承受弯矩、冲剪及扭矩，使之形成整体稳定、性能良好的空间支架结构。

（三）盘扣式脚手架的应用

盘扣式脚手架先期用于土建专业搭设模板支撑体系。在项目后期，盘扣式脚手架在机械设备安装工程、电气设备安装工程等各专业施工中得到普遍应用。盘扣式脚手架在各专业中的应用如图7-5所示。

图7-4　两种脚手架结构对比

图7-5　盘扣式脚手架在各专业中的应用

（四）主要优点和特征

经过EDO2线项目的施工应用，可以看出，盘扣式脚手架安全系数高、安装拆除方便、节省人工、缩短工期，大大降低了综合成本，其主要优点和特征如下：

1. 搭拆便捷，省时省工

表7-1是两种脚手架拆除功效对比。

两种脚手架搭拆功效对比表 表7-1

类型	搭设功效	拆除功效
钢管扣件脚手架	25-35m³/工日	35-45m³/工日
盘扣式脚手架	100-160m³/工日	130-300m³/工日

2. 使用寿命长

由于盘扣式脚手架杆件表面都经热浸镀锌处理，从而具有更长的耐久性，使用寿命可达15年以上，并不需要经常维护，每3～5年维护一次即可。而传统脚手架一般使用寿命为5～8年，且每年必须进行1～2次维护。显而易见，传统脚手架的维护成本要比盘扣式脚手架的维护成本高得多。

3. 整体形象美观

盘扣式脚手架各配件表面都进过了热镀锌处理，颜色与规格统一，能很好地提升施工单位的现场整体形象，有利于展示现场的文明施工，有利于施工单位进行企业形象宣传。

通过以上几点可以发现，新型盘扣式脚手架的发展前景是巨大的，势必会代替传统的脚手架，成为建筑行业一道亮丽的风景线。

第三节　现场安装调试远程在线协同技术

（一）远程在线协同平台特点

通过远程在线协同平台，现场人员可以随时随地与全球各地的设备厂家调试服务工程师进行无障碍沟通，而且可与多设备厂家调试服务工程师同时在线交流。对比传统的设备厂家调试服务工程师到场调试，这种方式可以在保证工期、质量、安全等条件下极大地减少项目的调试成本，也体现出了数字智慧化工程的新发展。

智慧建造、远程调试是未来项目施工的发展方向，本项目在采取传统安装模式的同时积极尝试使用数字化设备参与施工、调试中的各环节，极大地节省了人工成本及施工周期，也为公司未来项目向数字化、智能化的发展迈出了坚实的一步。

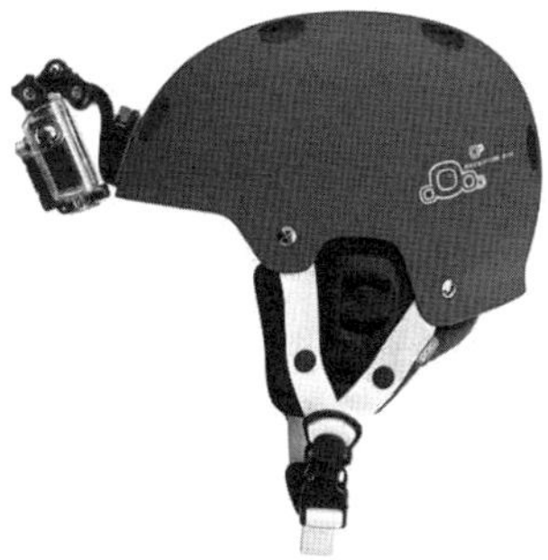

图7-6　在现场通过配有摄像头的安全头盔与远程人员共享视角

（二）适用范围

该技术适用于施工现场覆盖无线网络并拥有随身摄像设备，并且需要设备厂家调试服务工程师协同安装调试设备的各类项目，并广泛适用于未来所有项目数字化建造及远程调试。

（三）工作原理

通过在现场增添一些用于网络视频的相关设备，并搭建起各设备厂家调试服务工程师与现场安装调试人员之间的远程协同工作平台，利用先进的网络技术（图7-6）消除厂家工程师与施工现场人员的地理隔阂，从而在厂家工程师不在场的情况下，施工现场人员可以无障碍、流畅地开展设备安装、调试等一系列工作。

（四）施工工艺流程及操作要点

1. 施工现场必须要做到有线宽带、Wi-Fi或4G乃至5G信号的全面覆盖，为流畅的网络环境提供有力的保证。

2. 利用手机、平板电脑、便携摄像头、无人机（图7-7）等设备，在移动端和中控室电脑上安装Teamviewer、Skype、微信等APP。对于欧美厂家工程师，利用Skype的实时通信功能，远程视频在线与现场的工作人员协同工作，从而无障碍地对设备安装调试进行指导。对于国内的厂家工程师，使用微信也可以达到同样的效果。这两种实时通信软件不仅可以一对一地交流，还可以通过群聊功能，让安装工程师、调试工程师、设计师各类技术人员一同视频在线，与现场工作人员解决遇到的各类疑难杂症，有效地避免各部门中转的时间浪费，大大地提高了工作效率。

3. 现场需要带有子控制系统自主控制的设备，如热风炉、工艺收尘器、中压变频器等。在与设备厂家调试服务工程师之间进行实时通信沟通的前提下，再利用

图7-7　使用无人机检查高空设备

Teamviewer强大的远程桌面链接功能，先由工作人员用现场电脑连接到相关设备，再让各设备厂家通过远程桌面控制施工现场的电脑对子系统进行各项参数调试。

　　4. 充分利用智能科技产品减少工作的安全隐患。许多收尘器的工作平台都比较高，人工检查收尘效果不仅费时费力，还存在高空作业的安全风险。把无人机和智能摄像头加入工作中，就可以极大地减少这些问题，还能减少现场巡检的人员数量，有助于优化现场的人员配置。

（五）材料与设备

　　1. Skype软件，移动客户端，桌面客户端。

　　2. 微信软件，移动客户端，桌面客户端。

　　3. Teamviewer软件，移动客户端，桌面客户端。

　　4. 配有GO pro摄像头的安全头盔。

　　5. 便携型大疆无人机。

（六）效益分析

　　利用远程在线协同现场安装调试的方法，有效地克服了新冠疫情等因素的影响，在厂家工程师不能按期抵达的情况下，也可降低成本。

　　通过实时在线沟通，有利于现场施工人员与公司专家及各厂家工程师进行技术交流，提高项目部员工专业技能水平和个人能力，同时也能很好地解决由于项目规模造成的资源分配不均问题。

采用这种新的模式后所需要付出的成本从原来的17.73万元降为仅仅不足1万元（网络设备费用），极大地降低了项目运营成本。同时，采用网络远程辅助巡检后，减少了现场的巡检人数，也节省了部分巡检人员的劳务费用。

（七）应用实例

1. 立磨安装调试时，通过与远在德国的工程师实时视频在线，一同分享和探讨设备安装的技术要点、难点，如图7-8所示。

2. 工艺收尘器安装调试时，通过与国内工程师实时视频在线及远程桌面分享，协同进行现场仪表及子系统的参数调节。

3. 在进行设备性能考核时，远程平台实现立磨、热风炉、工艺收尘器等一系列相关设备厂家同时在线，与现场人员协同进行现场设备、子系统及中控室系统的各项参数联动调节，最终实现水泥磨达标达产，如图7-9所示。

图7-8　远程协同展开立磨磨辊位置测定　　　图7-9　多厂家远程在线配合调试程序

第八章　运营与维护

Chapter 8　Operation and Maintenance

第一节　工艺流程介绍

（一）石灰石和黏土的破碎输送

石灰石破碎采用了一套生产能力为1700t的破碎机，黏土破碎采用一套双转子齿辊破碎机，采用中子在线分析仪控制混合料的质量，预配好的混合料经7.1km的皮带输送到有2×30000t存储能力的堆棚，经堆料能力为2280TPH的悬臂堆料机完成堆料。

（二）校正料的破碎和输送

经破碎系统破碎的高钙石灰石同样经7.1km的长皮带输送至另一矩形堆棚，分别用作原料磨的校正料和水泥磨的混合材。石膏和铁粉采用破碎能力为300t的反击式破碎机破碎，破碎后的物料输送至辅料堆棚。四个堆棚堆料能力分别为铁粉1500t，原料磨高钙石灰石6600t，水泥磨高钙石8000t，石膏3000t。

（三）原料制备

原料配料站共有三个配料仓，分别是混合料仓、高钙石仓和铁粉仓，由于雨季时黏土湿度大，混合料仓下面配置板式喂料秤、石灰石和铁粉仓下配置皮带秤。原料粉磨采用莱歇56.4立磨，粉磨能力为465TPH，粉磨后的生料粉进入直径22m、储量为16200t的均化库。

（四）烧成系统

采用CBMI自主知识产权的低压损高效分解炉双系列五级预热器，使用CBMI自主设计的5.2×65两档回转窑，主燃烧器和分解炉燃烧器以天然气或重油为燃料，熟料冷却采用高效IKN篦冷机。经IKN篦冷机冷却后，通过辊式破碎机破碎为直径小于30mm的熟料，经斜拉链输送入存储能力为60000t的熟料库，在质量出现波动时输送到存储能力为1500t的黄料库。

（五）水泥的制备

水泥配料站采用三个配料仓，分别是石灰石仓、熟料仓、石膏仓，三个仓均采用皮带秤计量喂料，粉磨系统采用两台53.3+3的水泥立磨，生产能力为200t，粉磨后的成品输送到两个15000t的水泥库。

第二节　性能测试的结果

该项目从2018年12月点火，通过几个月的调试和最终的性能考核，拿到PAC证书，从2019年6月开始转入生产运营，主机性能测试结果见表8-1。

主机性能测试结果　　　　　　表8-1

序号	车间名称	性能指标	性能要求	测试结果
1	破碎系统	破碎机产量（t）	≥ 1700	1834
		破碎物料的粒度（%）	90% ≤ 80	98%
		电耗（kW·h/t）	≤ 1.2	1.15
2	粉磨系统	磨机产量（t）	≥ 465	467.2
		细度，90μm（%）	≤ 12	11.76
		生料水分（%）	≤ 1.0	0.18
		电耗（kW·h/t）	≤ 24	18.8
3	烧成系统	熟料产量（t）	≥ 6000	6112
		热耗（kcal/kg）	≤ 740	724
		熟料 f-CaO(%)	≤ 1.5	1.13
		熟料温度（℃）	环境温度 +65	45.1
		窑主电机电耗（kW·h/t）	≤ 3	1.42
		高温风机电耗（kW·h/t）	≤ 9.5	6.33
		尾排电耗（kW·h/t）	≤ 7	3.36

由表8-1可看出主机的各项性能测试结果达到了设计要求。

第三节　生产运营

开始生产运行后，由于断天然气、断电、石灰石质量不稳定、业主水泥销售不佳、新冠疫情严峻等等因素，生产运营较难顺利进行，通过精心组织与管理，项目团队把这些不利因素的影响降到最低，打破了尼日利亚传统认可的窑运转率，全线回转窑的运转率达到85%以上，水泥质量在尼日利亚当地处于领先水平，在当地获得很大的市场份额，为业主创造了良好的经济效益，得到业主的高度认可，也为后续项目的合作开了好局。

（一）矿山的生产

由于矿山远离厂区，当地的社会治安较差，绑架事件时有发生，所以在组织生产时必须考虑人身安全。由于物料要经过7km的皮带输送，而大部分皮带位于山林之中，所以对皮带检查检修时都配有持枪民防兵保护。矿山开采时须在矿山周围布设多个安保岗亭并配置持枪民防兵，同时加强巡逻，保障员工的人身安全是工作重点。目前，EDO主要运营的矿山包括正在开采的IKPOBIA矿山以及处于表土剥离和开拓阶段的FREEDOM矿山，开采方式为露天凹陷台阶开采，台阶高度12～15m，采用110mm液压潜孔钻穿孔，人工机械装药堵塞，塑料导爆管雷管毫秒起爆，大型挖掘机挖装，汽车运输，整个生产开采工艺根据现场排废出矿情况进行合理布置，最大限度提高设备利用率。矿山皮带廊如图8-1所示，矿山开采如图8-2所示。

图8-1　矿山皮带廊

图8-2 矿山开采

图8-3 长皮带廊检查

与国内常规矿相比，EDO矿多在沟谷中间，以鸡窝矿为主，开采规模小，夹层多，镁含量大，矿石品位变化大。由于石灰石矿和花岗石矿伴生，石灰石的质量不佳，每天开采石灰石的排废量比较大，石灰石和花岗石的占比达到了1:1。开采出的石灰石一般要排废，但由于石灰石和花岗岩矿的伴生，给石灰石的开采造成很大的制约。同时由于石灰石矿是露天凹陷台阶开采，而该国雨季时间长，开采深度加大导致排水困难，同样影响到石灰石的开采。项目部通过精心组织协调，努力克服不利因素，通过多点采样检测，合理安排开采，保障了正常的生产，同时节约了石灰石资源。新开矿山表土层厚度大，平均厚度达10m左右，剥采比大。

EDO矿山运营项目从2015年开工至今，克服重重困难，不断优化改进矿山生产工艺，原料供应从未出现过短缺情况，保障了水泥生产线的运转，赢得了BUA集团的好评与信任，图8-3为检查长皮带廊时的照片。

（二）熟料的生产

由于石灰石中的花岗石多，而花岗岩的硬度大，在物料的粉磨中对生料磨影响大，磨体内磨损特别严重，每个星期都要花费数十小时停磨进行磨补焊，造成生料库位的降低。项目部通过合理安排检修时间，提高检修效率，减少这种影响。针对磨机磨损严重的现状，对磨内进行了一些相应的改进，减少对磨体的磨损。根据磨盘衬板的磨损状况，合理调整挡料环高度，稳定了生料磨产量。同时针对磨机磨损严重的现状，对磨内进行了一些相应的改进。由于物料的易磨性差，磨辊的辊皮磨损特别严重。磨内辊皮磨损如图8-4所示。

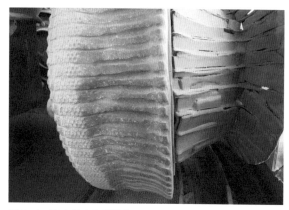

图8-4　磨内辊皮磨损照片

由于原材料中含有较多花岗石，物料的易烧性差，但CBMI设计的回转窑系统对物料有很好的适应性。尽管业主为追求水泥较高的早期强度，采用高LSF配料，给熟料的煅烧造成很大的影响，但项目团队经过不断地摸索，不断地调整工艺参数，设计出了能力为6000t/d的回转窑，现日产量稳定在6200t以上，且生产中很少出现因煅烧困难而减料的现象。对比同样规模的一线FLS设计的两档回转窑，同样的原材料和同样的配料方案，二线窑的产量和质量比一线稳定得多，窑内热工工况也相对稳定，对物料有很好的适应性，尤其是投料时分解炉温度更容易稳定，操作过程也相对简单。在生产中，由于物料中的有害成分多，窑尾烟室结皮特别严重，每次都要花费很大的人力去清理，而且结皮严重，影响窑内的通风，对煅烧也造成影响。针对此问题，从源头抓起，要求石灰石破碎和黏土多点采样搭配生产，稳定物料的化学成分；采取调整三次风阀高度、调整C4分料阀给分解炉和烟室的分料比例及调整燃烧器的参数等措施，极大地减少了烟室结皮现象，保障了生产的稳定运行。

由于当地电力短缺，多采用自备电厂发电，但在生产中常因设备操作等原因导致突然跳闸，对生产造成较大的影响。一旦出现全厂跳闸，必须采取应对措施，避免出现因跳闸出现的设备事故。

（三）质量控制

水泥质量是业主市场份额的基础，须把控制水泥质量作为重中之重，为保证水泥的产品质量，宁可主动牺牲产量。矿山石灰石开采多点采样，开采后搭配使用。在石灰石和黏土预配料时，采用先进的在线分析仪控制石灰石和黏土的配比，然后进入堆场多层均化，保证了混合料化学成分的稳定。生料制备时，化验室采用质量控制系统，根据配料指标和每小时的生料成分分析结果，自动调整混合料、高钙石灰石、铁粉的配比，然后生料粉进入均化库均化。在熟料煅烧过程中，精心生产，保障熟料f-CaO合格，一旦发现质量波动及时采取措施，从而保障熟料质量合格。在水泥粉磨过程中，严格执行业主下达的质量控制要求，一旦出现不达标的状况，及时调整。从一开始就树立质量意识，一旦出现影响到水泥质量的波动就要特别警觉，及时调整使生产的每一步都处于严格的质量控制之中，保障最终的水泥产品质量。EDO2线产出的水泥质量在尼日利亚水泥市场中获得很高的市场信誉，BUA的水泥一直供不应求。

（四）中控的管理

中控是整个生产线的核心，在生产中要求操作员必须精心细致地操作，操作员的任何疏忽大意都有可能酿成重大事故，所以在管理中首先要提高操作员的责任心，要求操作员在生产中要紧盯操作参数，发现异常必须及时报告并采取相应的措施。同时，要建立各种管理制度，加强培训，树立设备安全意识，尤其是注意窑头窑尾收尘器温度、热窑下的转窑要求、天然气作为燃料时的安全操作等，同时严禁操作员私自屏蔽或修改报警参数，避免设备事故的发生。在生产中尽可能地加入一些自动保护程序，杜绝由于误操作造成的失误。中控室操作如图8-5所示。

（五）与业主的沟通

在当地成功地组织生产运行，与业主的大力支持密不可分。要获得业主的支持，

图8-5　中控室操作

首先要建立良好的沟通机制。由于文化、习惯等方面的差异，对待许多问题会站在不同角度，有时在生产中也难免会起些冲突。在生产组织时，耐心解释自己的做法，换位思考，同时考虑业主效益最大化，通过良好的沟通，许多工作中的矛盾就会迎刃而解。当窑系统大修时，业主帮着寻找当地分包商检修，督促检修进度，解决了检修时现场人员的矛盾，减少了检修时间，提高了窑系统的运转率，也为生产运营效益提高创造了条件。

（六）备件问题

生产过程中任何设备损坏后没有备件都会极大制约生产。由于许多备件在当地买不到，且采购周期特别长，如窑的耐火材料和辊皮等损耗件等，采购周期接近一年，所以在日常生产中必须时刻关注备件问题。生产时应提前考虑哪些备件必须采购，及时报给业主并催促买回备用。在大修时使用完一批备件，必须及时考虑下批备件，否则有可能因备件问题制约后续的生产。

（七）人员和安全

现场人员的身心健康也是生产运营的重要基础。由于当地疟疾严重，特别是在雨季时，一旦出现多人患疟疾的情况，对生产组织影响特别大。所以，项目部应对蚊虫进行防治并对疟疾进行预防。所有房间应配备窗纱、门帘及蚊帐，每个房间及工作场所应配备电蚊香，每人应配备花露水，通过不断宣传，提升员工防蚊虫叮咬意识。通过以上措施，极大地减少了疟疾的发生。同时，为保证员工的心理健康，节假日尽量多组织一些娱乐活动，配备各种活动器材，鼓励员工积极参与。在员工遇到问题时及时进行沟通、疏导，有效地排解员工的不良情绪。

生产运营中的安全也是保障项目顺利运营的重要基础，所有员工应树立安全高于一切的意识。在工作中须制定各种制度，并严格监督执行。每次检修，严格执行停送电制度，安全员监督执行。大的施工，制定严谨的施工方案，提前做好预案，预防安全事故的发生。每次预热器堵料，清堵过程中，安全经理、生产经理应全程监督，杜绝违规作业。通过制度制定和监督落实，牢固树立安全意识，人员安全才能得到充分的保障。

第四节　设备的维护与维修

设备的维护是生产组织的基础，没有设备的正常运转，生产运营就无法正常进行，所以项目部一开始就建立了设备的各项管理制度。首先是设备的加油制度，对现场的每台设备都建立了加油表，包括每台设备的加油点、加油量、加油型号及加油周期，并对岗位工人手把手地培训并进行上岗前的考核，同时要求岗位工人在每个周期加油后及时贴上加油时间的标签，以备检查。其次建立了主机设备的检查台账，每次检修，专业人员应对所有主机设备进行仔细的检查，对设备的状况做到心中有数。建立设备的巡检制度，要求岗位工人根据要求的巡检周期，巡检设备，包括温度、振动、异常噪声等，并做好检查记录，发现异常及时报告相关人员判断处理。在当地由于采购设备周期时间长，一旦发生设备的损坏，就会很大程度地影响生产，所以必须加强员工的责任心，加强设备的管理，杜绝设备的责任事故。目前，每天一早上班，设备管理人员都会对自己管辖的设备检查一遍，形成了良好的工作习惯。生产中一旦设备出现问题，影响到设备的正常运转，现场管理人员应做到随叫随到，直至彻底解决问题，高度的工作责任心也是运营顺利进行的重要保障。自项目投产后，业主的水泥一直处于供不应求的状态，一旦出现影响水泥输出的问题，业主就特别着急。所以在运营中应牢固树立服务意识，急业主之所急，一旦出现影响水泥输出的问题，相关人员要立即安排处理解决，同时合理安排水泥磨及包装的检修时间，尽可能地满足业主的水泥输出要求，为业主创造良好的经济效益。截至目前，没出现因此问题而让业主投诉的情况。

磨机运行两年多，磨辊辊皮磨损严重，大修时需对莱歇磨辊皮进行更换，本来应有

图8-6　更换原料磨辊皮

莱歇专家进行指导，但由于新冠疫情原因其没到现场。现场维修人员通过仔细查看图纸，制定安全规范和作业细节，并就如何更换召开专题会议，进行技术交底，通过精心组织施工，按时安全完成了辊皮的更换，如图8-6所示。通过这次辊皮的更换，项目部制定了施工规范，并以图片形式保存下来，为下次的施工做好了样板。

　　EDO项目两年多的生产运行，为业主创造了良好经济效益，工作成绩获得业主的高度认可，与业主建立了良好的信任关系，也为后续与业主的进一步合作奠定了基础。

第九章　成果总结
Chapter 9　Achievement Summary

第一节　管理成果

（一）人员管理

1. 秉承公司"传帮带"的企业文化，采取老员工与新员工结合的搭配模式，利用老员工的经验优势与新员工的语言优势开展工作，达到优势互补。

2. 安装工程根据施工队伍工程范围进行岗位划分，减少管理人员的配置，明确责任范围，充分调动员工积极性及工作效率。

3. 施工人员提前规划，生产运营根据生产流程分段进行岗位划分，优化人员配置，明确责任范围，秉持宁缺毋滥的原则开展工作。

4. 根据项目的特点，控制施工人员的进入，大量引入当地劳工来降低人工费用，操作模式为由一个中国技术人员带领相匹配数量当地工人来完成建筑部分砌筑、墙体抹灰、屋面防水、室内外墙体涂料粉刷以及脚手架拆除工作，结构部分由当地工人帮衬着国内工人完成制作钢筋、绑扎钢筋、搭设脚手架、安装模板以及混凝土浇筑施工等工作。实际案例中证明该模式可以降低3～7倍综合人工成本。当地工人现场抹灰及脚手架作业如图9-1所示。

图9-1　当地工人现场抹灰及脚手架作业图

5. 在项目执行过程中，项目部积极开展争优创先活动，挖掘在平凡岗位上爱岗敬业、无私奉献的实干典范，将岗位明星的先进事迹和优良业绩通过项目小报和项目微信公众平台进行宣传，号召并鼓励广大员工积极学习。同时，每月评选一批表现良好的当地工人进行表彰，带动当地工人的工作积极性，为项目工作开展营造良好氛围。

（二）发挥区域协同，属地化经营落地生根

结合项目特点，在区域内有效利用公司资源，与公司其他项目部及公司尼日利亚子公司互联互助，实现对管理人员、施工人员、施工材料、机具相互借调，对供货商资源共享，同时，项目间相互交流学习，提升管理能力。

（三）质量管理

项目伊始，就以筹建精品工程为目标，编制了全过程的QCP质量控制计划，以QCP为质量控制主线，对设备制造、土建施工、机电安装及调试实施全过程质量控制。项目质量管理过程中，除正常规范的运行项目质量管理体系外，还采取了以下主要创新管理措施。

1. 工程施工前，积极落实图纸自审及会审工作，及时做到从设计源头发现问题，优化设计，提升设计质量；

2. 施工过程中，安装人员提早参与到土建基础的施工中，对相关尺寸要点进行检查把控，提高并确保关键工序质检的专业性及准确性；

3. 采取自检、专业会检、业主会检的方式实现质量检查全覆盖；

4. 采用信息网络平台管理系统，对各类质量控制文件及时、如实在公司质量管理平台进行填报，及时发现和处理质量管理问题。

项目供货及施工过程中，设计、供货及施工质量符合合同及业主要求，实现了业主质量零投诉的良好成绩，项目整体质量在试生产期间得到充分检验，试生产期间测试的各项性能均超过合同担保值，性能及可靠性测试均一次性通过。原料磨合旋风筒外观效果如图9-2所示。

（四）安全管理

安全管理一向是项目管理的重中之重，EDO2线项目高度重视安全管理，采用培

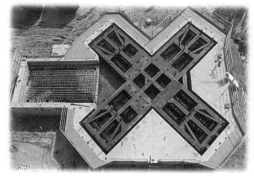

图9-2 原料磨合旋风筒外观效果图

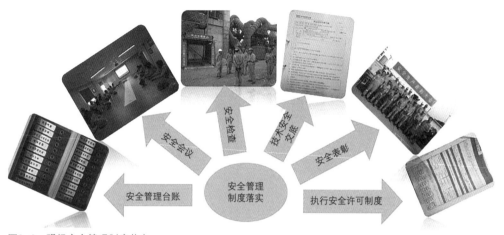

图9-3 现场安全管理制度落实

训、监管和奖惩等多项制度结合,狠抓项目安全管理,做到了项目安全生产零事故。为了增强员工的安全意识,使其掌握安全知识,不仅要求安全培训率达到100%,特种作业人员持证上岗率100%,还定期或不定期组织多样性的安全活动,如每周五组织安全联合检查,不定期举行安全知识竞赛等,EDO2线项目安全管理在以下方面进行了管理和创新。

1. 项目严格按照集团、中材国际及公司安全管理制度,建立和完善了安全管理组织体系和制度体系,成立了安全生产委员会,设立了安全部;此外项目还制定了16项安全管理制度,并严格按照各项制度,开展实施现场的安全管理工作。现场安全管理制度落实如图9-3所示。

2. 安全管理奖罚制度更注意国外项目国内劳工输出的特点和实用性。在EDO2线项目,刚开始采取的是以劳务分包商为单位,奖罚处理实施连带责任和责任归属劳务分包商的机制,效果一般。后来采取对违规劳务人员停工停薪接受违规培训的处罚措

图9-4 EDO2线项目现场监管检查

图9-5 EDO2线项目安全文化建设

施,让员工直接感受违规的代价,意识到项目部在工期和安全之间的选择,管理效果立竿见影。建立员工家属台账,与违规员工家属联系进行帮扶说教,以亲情助力安全教育。

3. 现场监管及隐患数据统计详尽,通过日常安全监管和定期专项检查,整改通知单的下发,及时地对安全隐患进行排查、整改,确保现场各项施工作业处于可控状态。整个项目施工过程中整改各类安全隐患1100余项。通过建立安全隐患整改情况统计数据库,定期分析项目安全趋势。EDO2线项目现场监管检查如图9-4所示。

4. EDO2线项目注重安全文化建设,开展了形式多样的安全宣传和安全活动,扩大了安全影响力,提高了员工的自我保护意识及能力。项目安全文化建设如图9-5所示。

经过EDO2线项目全体员工共同努力，实现了安全事故、死亡事故、重伤事故均为"0"的安全管理目标。

（五）经济效益管理

EDO2线项目在全面提升安全、质量管理水平的前提下，在美元兑人民币大幅贬值及奈拉汇率频繁变动的复杂情况下，通过精细管理挖内潜、创新优化创增值、风险防范避损失、开源节流提毛利，最终实现项目成本大幅下降，项目毛利率较内部考核指标大幅提升，取得了良好的经济效益。主要采取的创新管理措施如下：

1. 成本分解到专业、工段，严格考核。根据项目目标（责任）成本，根据施工图纸、工程量，由项目经理及项目内部考核小组根据施工方案和分包合同，确定各专业、各工段施工费用。以内部责任合同的方式对专业、工段及管理人员进行成本核算和考核，形成成本责任机制，与员工收入挂钩，营造全员成本管理的氛围。

2. 注重设计优化及施工组织优化，注重让项目管理团队提前介入设计，培养项目管理团队及现场工程师良好的优化意识。设计人员更多停留在想象的三维空间，缺乏经验更多是注重安全系数；项目管理团队及现场工程师空间立体感非常强，经验丰富，更注重比较。项目出台合理的设计优化奖励政策，持包容的心态，项目管理团队与现场工程师根据经验提出优化方案，经设计者论证和实施设计，达到了较好的优化效果。

3. 用创新驱动成本控制。项目部创新包括管理创新、技术创新和施工工艺、工法创新。项目部建立了合理的奖励及评优制度，鼓励和激发员工的创新主动性和积极性，建立了容错机制，对项目部的成本、工期、安全及进度的控制起到了积极的促进作用。

现今，项目投入运营一年以来，排放达到国际标准，作为该州最大的水泥生产线，项目技术先进、自动化程度高，95%以上的运转率展现了中材建设有限公司的实力，获得了业主的高度认可，也在尼日利亚水泥业界得到了广泛的赞誉，为业主扩大经济效益的同时，也扩展和提升了公司EPC"1+N"国际工程承包的能力，彰显了中材人执着顽强、能打硬仗的优良作风。EDO2线水泥生产线的建成投产，全面展现了公司的项目管理综合能力和市场竞标优势，为中国建材装备制作及技术在尼日利亚市场发展树立了良好品牌，也是中材建设有限公司向国际水泥工程建设领域亮出的一张世界名片。

（六）疫情防控

2020年以来，尼日利亚新冠疫情形势一直比较严峻，坚持做好疫情防控工作已成

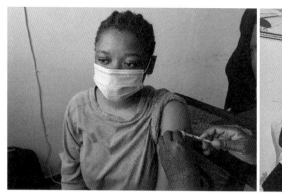

图9-6　当地员工接种疫苗

图9-7　部分职工宣誓战胜疫情的决心

为项目部工作的重中之重。为有效降低职工感染新冠病毒的风险，增强职工身体免疫力，本着为职工群众办实事的初心，尼日利亚党支部经与迈塔玛地区医院沟通，请医疗人员到尼日利亚公司阿布贾驻地为中方和当地职工接种新冠疫苗，如图9-6所示。

第一轮疫苗接种后，尼日利亚公司党支部代表对接种者进行了回访，接种者反馈，在接种疫苗后的3~4d内，胳膊有轻微的酸痛，但在4d后不适感消失，完全不影响正常工作和生活。他们还热切地期待着28d后的第二针疫苗。想到在接种完2针疫苗后体内可以产生抗体时，他们心中的喜悦溢于言表。

截至2021年底，已有累计88%的职工完成第一针的接种。拉各斯隔离中心也在积极组织职工开展疫苗接种工作。尼日利亚公司党支部还会扎实稳定推进疫苗接种工作，组织好后续的第二针疫苗接种工作，全心全意做好为职工群众服务的工作。全体职工也树立了集体战胜疫情的决心，如图9-7所示。

第二节　技术成果

（一）施工技术改良及创新

1. 框架柱柱端增设柱帽

本水泥厂项目钢结构较多，各个车间设备种类繁多，尤其在预热器、窑尾收尘、窑头收尘、两个水泥收尘、水泥包装这些车间的混凝土框架结构上方承载了大量的钢结构和设备，其自重较大，对顶板产生过大的压力和冲切，若不采取措施，将会导致板面逐渐被压坏、破裂，整个车间岌岌可危。

（1）柱帽的受力特点和优点

为了满足框架柱顶板对上部结构和设备的承载能力，项目部在承受荷载较大的车间框架柱顶部增设柱帽，来增加上部钢结构及设备的支托面积，有效地分担了板的局部受压荷载，将上部压力充分传递到框架柱柱身，提高了整个车间的结构稳定性。现场增设柱帽的施工详图如图9-8所示。

图9-8　柱端增设柱帽图

（2）柱帽的经济效益

柱顶端增设的柱帽同传统的柱子相比不仅在结构上进行了优化，在工程造价上还减少了混凝土的用量，节约了资源，以预热器为例进行核算对比：预热器十二根柱加柱帽较传统等截面柱省出约100m³ C40混凝土，根据当地混凝土的原材料费用和人工费可

图9-9　预制皮带机基础

图9-10　预制装配式围墙与传统砌筑围墙对比

以算出这十二根柱子混凝土部分至少省出20万人民币的工程造价。

2. 预制装配式基础、墙板

尼日利亚EDO2线项目在各个车间重点提倡并推行了混凝土结构预制施工技术，大范围应用在设备小型基础、墙板、涵管和电缆井土建施工等方面。

本项目石灰石堆棚和辅料堆棚车间内部皮带机基础较多，现场施工较为烦琐，且与轨道安装人员存在交叉作业，施工不便；故采用预制技术，将所有的皮带机基础预制完成后一次性吊装到位，有效降低了人工、机械设备、措施费等成本。预制皮带机基础如图9-9所示。

EDO2线项目厂区围墙较长，在一些影响道路交通的部位砌筑围墙会占用较长时间，影响交通，耽误施工和生产，于是项目部采用预制墙板的方法，使得现场施工中不需要再进行混凝土浇筑、砌筑、抹灰施工，进而能够降低较大的人工、机械设备、措施费等成本；施工工效方面，可即刻完成墙板的准备工作，达到及时通车的目的，从而提高整个现场的运转效率。预制装配式围墙与传统砌筑围墙对比如图9-10所示。

3. 预制装配式涵管

（1）项目气候特点

尼日利亚属于热带草原气候，总体高温多雨，全年分为旱季和雨季，雨季长，雨水量大，故场区内外主要道路上规划设计了大排量排洪沟，与道路交叉部位须设计过路桥涵及涵洞，涵洞现浇式施工工艺复杂，操作困难，且会占用大量的道路空间和施工工期，故采用预制式涵管。

（2）预制涵管应用效果

因受当地资源制约，采购承重式涵管成本比较高，项目决定自制与涵洞直径配套的预制模具，浇筑预制涵管，集中吊运，拼接成型。经过现场涵管预制方案实施作业，可以发现预制混凝土涵管大部分场外即可施工完成，管节的吊装、拼装等工序效率高，所用工期短，经济效益显著。预制装配式涵管的制作与安装如图9-11所示。

预制技术和工法一方面充分利用预制技术特点将部分现场施工工作转换为施工准备阶段工作，缩短了场地施工周期，以此规避了项目场地狭小、土建基础施工作业受限制和影响道路通行、与安装施工作业冲突等问题；另一方面充分有效利用混凝土浇筑余料，进行基础预制作，减少了混凝土消耗，提升了项目经济效益。

图9-11　预制装配式涵管的制作与安装

（二）新技术、新材料

采用精轧钢筋代替传统细丝地脚螺栓。

1.传统地脚螺栓的局限性

地脚螺栓是埋设在柱或者基础里面，把柱或者基础和机器设备连接起来的工具。传统细丝地脚螺栓用Q235钢制作，对于Q235钢地脚螺栓而言，螺栓直径很大（如45mm），埋深太大的话，需要在螺栓端部焊接方板，费时费力，后期安装到柱脚的钢筋网里难度也较大。此外，采购、制作螺栓往往需要较长的等待时间，缺少某规格螺栓时会影响现场施工进度。

2. 精轧钢筋替代地脚螺栓的原理

在传统地脚螺栓中，螺杆的埋深和端部的焊接方板都是为了保证螺栓与基础有足够的摩擦力，起锚固作用，不至于使螺栓发生拔出破坏。而精轧螺纹钢筋采用了PSB785的钢材，这种钢材力学性能高于传统细丝地脚螺栓，故在柱及基础锚固埋深上要比传统细丝地脚螺栓小，而且PSB785精轧螺纹钢筋力学性能高，不需要在螺栓端部焊方板，比传统细丝地脚螺栓省时省工，更利于插入焊接在柱脚或基础之中。

3. 精轧钢筋的应用及效果

本项目各车间柱子及基础上部传来的设备荷载都不相同，故螺栓的规格及锚固长度各不相同，对此项目部采购了一批固定长度（9m/根）的精轧钢筋（精轧螺纹钢筋是在整根钢筋上轧有外螺纹的大直径、高强度、高尺寸精度的直条钢筋，该钢筋在任意截面处都拧上带有内螺纹的连接器进行连接或拧上带螺纹的螺帽进行锚固），按照图纸所需规格、长度来切割，埋置在柱脚部位即可。

这种使用精轧钢筋的替代方案弥补了因缺少某种规格、某种长度螺栓需要等待的工日的缺陷，节省了螺栓的耗材量，同时更便于施工，加快了施工进度。精轧钢筋的应用效果如图9-12所示。

图9-12　精轧钢筋的应用效果图

第三节　节能环保

（一）自制混凝土搅拌站

EDO2线项目土建施工混凝土需求量多达74000余m³，传统混凝土搅拌机难以供应，且其搅拌仓内残余难以清理，会造成大量原材料浪费，其机械耗能、损耗率也较

图9-13 自建的HLS90型搅拌站

大；项目决定自建一个环保型混凝土搅拌站，同时满足混凝土方量和节能减排的要求。

经过多方考量，项目最终建设了一个HLS90型搅拌站，其相比普通搅拌站有着明显的优势，采用整体封装的形式，在容易产生粉尘的地方都单独设有高效的除尘装置，能有效减少粉尘扩散。在搅拌混凝土时主楼产生震动方面，该环保型搅拌站较普通型搅拌站能有效缓解震动，噪声也可控制在有效范围内。在高效节能方面，环保型搅拌站由2个100m³储料仓、1条斜皮带机组成全自动高效上料系统，并采用自制复合螺带搅拌主机，在搅拌混凝土时，效率可提高30%左右，同时，该搅拌楼采用物料循环系统，实现了严格意义上的零排放。自建的HLS90型搅拌站如图9-13所示。

（二）回转窑两档支撑设计

窑中采用两档窑设计，比同规模生产力窑中省去了一座窑基础、两个托轮、一个轮带，混凝土和钢筋用量大大减少，同时节省了安装费用，这种优化设计值得提倡，既节省了施工成本，又减轻了原材料的消耗和资源的浪费。两档窑和三档窑工程造价对比如表9-1所示，EDO2线项目窑中两档窑设计如图9-14所示。

两档窑和三档窑工程造价对比表　　　　　　　　　　表9-1

名称	混凝土量	钢筋量	托轮	轮带
EDO 项目两档窑	1770m³	230t	4 个	2 条
其他项目三档窑	4200m³	472t	6 个	3 条
差量	−2430m³	−242t	−2 个	−1 条
单价	1029 元 /m³	3378 元 /t	500000 元 / 个	9000000 元 / 条
工程造价差量（元）	−2500470	−817476	−1000000	−9000000

图9-14 EDO2线窑中两档窑设计

（三）其他节能减排措施

1. 采用LM48.4莱歇原料立磨，相对于普通管磨，电耗降低30%以上。

2. 采用国际先进的四通道主燃烧器和分解炉低氮燃烧器，大幅降低了氮氧化物的排放量。

3. 采用先进的自动化控制布袋除尘系统，大幅降低了水泥厂的粉尘排放，使得实际粉尘排放量低于20mg/m³。

4. 引窑头废气入原料磨烘干原料水分，发挥废气余热，节能降耗。

第四节 技术革新提质增效

（一）基本信息

革新项目：EDO2线项目钢结构一体化皮带机（图9-15）创新应用。

（二）创新背景

支撑在钢结构上的皮带机，通常情况下，与钢结构分别由不同的单位设计和制造。面对国内外建材市场环境，企业间日趋严重的竞争形势，为了进一步缩短项目设计周

图9-15 钢结构一体化皮带机

期，降低采购、物流成本，探究并优化采购供货（设计、制造、交付等）环节的控制措施，项目创新使用钢结构一体化的皮带机。

（三）主要创新点

EDO2线项目中打破了传统皮带机形式，采用钢结构一体化皮带机，如图9-15所示，有效地缩短了设计周期，节约了采购成本，降低了供货重量与运输成本。

（四）方案与创新性成果

以下针对尼日利亚EDO2钢结构一体化皮带机与传统钢结构及皮带机分体设计制造两种形式进行分析，从中可以看出钢结构一体化皮带机设计、供货重、采购成本方面的优势。通过分析、对比提升钢结构一体化皮带机采购供货控制能力，进一步推进钢结构一体化皮带机的应用与适用范围。

（五）设计方面分析

从设计方面考虑，钢结构一体化皮带机减少了结构专业设计工作，避免了皮带机与结构专业、土建专业三方的技术接口问题。一体化皮带机与皮带机本体全部由供货商设计，工艺确认后直接与土建专业接口，从而加快了设计速度，减少了技术接口容易出现的问题。虽然皮带机部分的返资时间会有相应延长，但是总体设计时间减少，可缩短整个项目设计周期。

（六）供货重量分析

经过对钢结构一体化皮带机与传统钢结构及皮带机分体设计制造的两种形式对比分析后，目前最明显的差异体现在供货重量上。钢结构一体化皮带机可以节省钢结构部分的供货重量。

钢结构一体化皮带机是在传统钢结构及皮带机分体设计制造的基础上，由皮带机厂家根据工艺布置针对支撑皮带机的钢结构进行优化设计并供货，皮带机的结构及配置没有变化。无论采购上述任何形式的钢结构皮带机，皮带机本体部分的供货重量基本一致，如滚筒、托辊、托辊架、张紧装置、胶带，所以仅针对钢结构部分作出对比与分析。

通过实际供货重量统计，钢结构一体化皮带机钢结构部分总供货重量为266.365t。

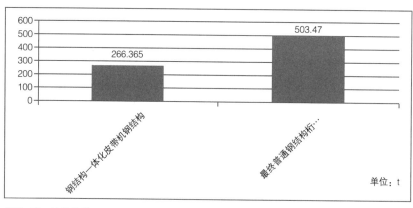

图9-16　结构重量

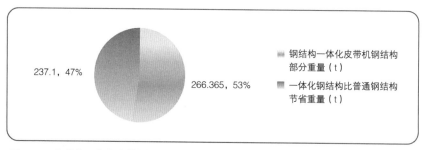

图9-17　钢结构一体化皮带机钢结构部分与普通钢结构重量对比图

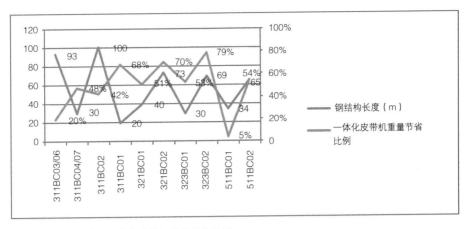

图9-18　结构长度与一体化皮带机重量节省比例

如果采用普通钢结构桁架，钢结构部分的供货重量为503.47t，如图9-16所示。

钢结构一体化皮带机钢结构部分的重量比普通钢结构供货重量节省了237.1t，节省比例达到47%，如图9-17所示。

上述为针对项目整体性进行的分析。使用了钢结构一体化皮带机后，通过皮带机厂家的优化设计，每种规格皮带机的钢结构的重量都有一定量的减少，其中321BC02和323BC02两个规格的皮带机钢结构的重量减少最多，减少的重量分别是普通钢结构重量的70%和79%。

对以上两台减少重量最多的皮带机图纸进行初步分析，发现其支腿高度普遍不高，支撑基本都在3~5m，并且借用了张紧支架作为桁架的支撑，充分减少了立柱的重量。以上分析点在将来的项目中可以作为使用一体化皮带机的参考点之一。

如图9-18所示，钢结构减少的比例与皮带机的长度无线性关系，并且从每米节省的重量可以看出，每台钢结构一体化皮带机每米钢结构节省的重量也不一致，所以不能单一地局限在某一环境下，还需要数据的积累以便于准确地进行分析。

虽然不同带宽的皮带机对于钢结构的降低比例有影响，但是能够确定的是在相同工艺布置的前提下，基本是带宽越小的皮带机所需要的钢结构量越少。所以首先以确定皮带机的设计为主。

（七）钢结构一体化皮带机与普通皮带机+钢结构形式的成本分析

EDO2线项目中钢结构一体化皮带机的数量一共为12台，皮带机的结构及形式都是一样的，但钢结构的重量是不一样的。

图9-19　中国建材集团公司颁发的技术革新二等奖证书

通过上述重量对比，钢结构一体化皮带机的钢结构重量为266.365t，而普通皮带机投标时的重量为503.47t，相比之下钢结构重量少了近237t。

普通皮带机+钢结构形式的钢结构总价为人民币317余万元。钢结构一体化皮带机钢结构的价格，总价为200余万元，二者相比，在钢结构的总价上可以减少约117万元，综合降价比例达到37%。

EDO2线项目中钢结构一体化皮带机的应用，能够有效地节省供货量与采购成本，同时也获得了中国建材集团技术革新二等奖，如图9-19所示。

第十章 经验总结
Chapter 10 Summarize Experience

第一节 环境风险与防范

（一）政治风险与防范

尼日利亚政权基本保持稳定，2015年3月，总统候选人穆罕默杜·布哈里在选举中获胜，当选为尼日利亚新一任总统，耶米·奥辛巴乔任副总统，APC正式成为执政党。APC于2019大选中再次获胜，现任总统穆罕默杜·布哈里和副总统耶米·奥辛巴乔获得连任。选举后形势总体稳定。项目所在地位于尼日利亚东南部的EDO州。《国家风险分析报告》中将风险分为9级，2016年全球国家风险评级中，尼日利亚与埃塞俄比亚、贝宁、喀麦隆等21个国家位于7级。

由于项目投资方是尼日利亚著名的私人集团，所以对公司来说不存在政府审批缓慢、政府征收（国有化）等风险。

（二）经济风险及防范

经济风险指国际工程项目所在的经济环境中的潜在不确定因素对项目建设和经营生产构成的经济领域的风险。

1.通货膨胀

通货膨胀是指因货币供给大于货币的实际需求，也即现实购买力大于产出供给，导致货币贬值，而引起的一段时间内物价持续而普遍上涨的现象。实际上就是社会总需求大于社会总供给。尼日利亚的通货膨胀率在项目建设期间2016年为15.7%，2017年为16.5%，2018年为12.09%。

具体防范措施主要是合同签订时进行合同拆分，从中国及欧洲购买的设备、材料以美元支付到中材建设有限公司国内的账户，现场施工部分的费用使用尼日利亚奈拉支付到中材建设有限公司尼日利亚分公司的账户，两者的比例须精确地核算。尼日利亚的材料价格普遍是国内材料价格的3~5倍，所以能从国内发运的尽量从国内发运。施工中的水泥由BUA集团老厂供给，价格相对固定。

2. 汇率风险

由于业主给公司支付尼日利亚奈拉时也是由美元转换的，所以美元的波动也牵动着奈拉的波动。

为了减少风险，当地币种的支付采用尼日利亚央行的浮动汇率进行折算。

3. 利率波动

利率指一定时期内利息额与借贷资金额即本金的比率，利率是决定企业资金成本高低的主要因素，同时也是企业筹资、投资的决定性因素。

项目的建设过程中没有进行融资和向银行贷款，所以规避了这方面的风险，另外把闲置的资金存于当地的银行，还产生了一些额外的收入。

4. 物流中断

项目建设期间没有物流中断的情况发生，但是自2020年新冠疫情暴发以来，物流费用大幅上涨，材料价格也随之攀升，物流中断的情况也可能发生，需要预知和防范。

（三）社会风险与防范

社会风险指国际工程项目所在地的社会各个领域、各个阶层和各种行业中存在的形式各异的风俗、习惯、文化、秩序、宗教信仰等引起的制约及阻碍项目实施的不稳定因素。此项目是工业项目，工厂建有围墙，在围墙内施工，以上风险虽然存在，但总体可控。

1. 恐怖袭击风险

近几年来，尼日利亚国内种族和宗教冲突日益激烈，恐怖活动愈加频繁，安全风险不断升高。2015年新政府上台后，加大了反恐力度，取得一定成效。

项目所在地虽然恐怖袭击风险小，但是为了安全起见，项目部聘请了国内知名的安保公司进行安保，雇佣了150人的警察，围墙周围设置了岗楼，加强流动巡逻。项目也安装了监控设备，外出和机场接送人员配备了3辆警车，每台车有四名持枪警察护卫，且都配有对讲机，外出车辆都安装了GPS，并在行进过程中及时汇报位置。

2. 社会治安风险

尼日利亚社会治安较差，因此，项目部将施工材料堆场增加了围栏，库房加固了防盗窗，并额外雇佣了70名保安人员保护现场施工设备及材料，加强安保监控和巡视，厂区大门出口严格进行检查。

3. 宗教信仰冲突风险

尼日利亚主要宗教有伊斯兰教、基督教和原始拜物教等，应尊重当地宗教信仰和习俗，不谈论宗教事务，大家友好相处，如图10-1所示。项目用工时要针对他们的宗教

图10-1　项目部与当地社区开展交流活动

活动时间做好安排，制定项目施工计划和项目成本预算时要充分考虑这些因素。

4. 文化冲突风险

尼日利亚员工纪律性不强，有时会影响现场工作进展，如遇到紧迫的工作就需要和当地员工沟通要求他们按时上班。如果其确实不能按时来工作，只能安排中国工人填补空缺。另外的措施就是将本地员工分为两批，一批周一周三周五上班，另一批周二周四周六上班。这样一来，如果第一批员工不能按时上班，第二批就能马上补上，尽最大努力减少因为人员缺失带来的影响。

5. 工会干预风险

尼日利亚有工会运动的传统。尼日利亚劳工大会（Nigeria Labour Congress, NLC）是尼日利亚主要的工会组织，成立于1978年，总部设在拉各斯，由42个行业工会组成，会员近300万人。尼日利亚劳工大会致力于提高工人最低工资等福利待遇，近年来多次组织全国性的大罢工，代表工人和普通民众利益与尼日利亚联邦政府谈判。尼日利亚在企业私有化及外资并购中比较关注企业职工的利益。其他工会组织还包括尼日利亚工会大会（TUC）、尼日利亚工会联盟（ULC）等。尼日利亚其他主要的非政府组织包括全国妇女协会理事会和尼日利亚青年理事会。他们在尼日利亚社会生活中发挥了积极作用，具有重要影响。2013年7月1~3日，尼日利亚石油和天然气业工人协会（NUPENG）发起为期3d的警告性罢工，以抗议协会成员受到壳牌、雪佛龙、阿吉普等国际石油巨头的非人道待遇。2014年12月，尼日利亚石油天然气工人工会（NUPENG）和石油天然气雇员联合会（PENGASSAN）组织全国性罢工；2015年1月，因尼日利亚政府将主要精力放在大选上，对医务人员诉求无暇顾及，尼日利亚医疗联合工会发起全国性医务人员罢工，阿布贾地区大部分医院关闭；5月，尼日利亚油罐车工人罢工。2015年间，没有中资企业内员工发生大规模罢工事件。

在尼日利亚的中资企业应当以尼日利亚的劳动法等法律法规为基础和准则，有理有据开展工作。有效的防范措施是大量使用当地员工时通过劳务公司去招聘，有任何情况由劳务公司出面解决。

6. 流行疾病风险

尼日利亚常见的传染病种类很多，疟疾、鼠疫、黄热病，伤寒、霍乱、甲肝、乙肝、血吸虫病等较为常见，此外还有埃博拉病毒。

中国员工出国前需要注射黄热、流脑、霍乱疫苗，目前在项目部设有医务室，可治疗一些常见疾病，如有严重的疾病需要送到首都阿布贾的专业医院进行治疗。需要注意的是出国前需要做好体检，身体健康不合格员工尽量避免安排出国。特别需要注意的是疟疾，一旦感染一定要及时治疗，要极其重视，不能耽误治疗时间。防范措施就是一定要注意环境卫生，生活工作区要做好清理和消杀，预防蚊虫、蛇鼠。疾病会给项目施工带来不确定性，影响员工士气，增加项目风险。

2020年新冠疫情暴发以来，考虑尼日利亚疫情日趋严峻及局部州治安恶化等情况，项目部在尼日利亚建立拉各斯隔离中心、阿布贾隔离中心（备用），减少回国轮休人员入住酒店隔离的交叉感染风险，如图10-2所示。

图10-2　隔离中心工作人员消杀作业

截至2021年9月19日，两个隔离中心累计接收尼日利亚属地中方人员149人，回国74人，满足使馆要求赴华人员既往隔离14d及当前隔离21d的需求，有效缓解了项目部维稳压力，降低了防疫风险，为回国换休人员全流程疫情防控接力护航。

（四）法律/政策风险与防范

法律法规风险包含项目参与方和项目东道国以及项目涉及的有关国际法律法规、行业规章等变化给项目带来的不利影响。其中财税政策的风险因素对项目的影响比较大。

为厘清新进财税知识盲点，提高经营活动的分析和预判能力，提升属地化合规经营水平，中材建设尼日利亚公司特邀普华永道会计师事务所针对"尼日利亚宏观经济政策新变化和财经法律新规"进行了专题宣讲，如图10-3所示。

图10-3 财税政策风险培训

普华永道专家指出尼日利亚的财政政策、货币政策、财经法规等均发生了较大变化，石油行业在2022年可能会得到改善，但尼日利亚政府试图摆脱长期以来依赖油气资源增加财产收入和外汇储备的窘境，在未来很长一段时间内，政府将致力于扩大税源，缩减开支，收紧货币政策，积极推行电子货币，鼓励发展电子商务，增加教育、安保和医疗健康方面的投入。

尤其值得关注的是：教育税的税率从2%增加至2.5%；企业所得税最低纳税额从营业额的0.5%降低至0.25%；新开征警察税税种，税基为净利润，税率为0.005%；新税法将部分默许的税收监督权明确列入税法法律条文之中，比如新税法赋予联邦税务局在必要时向纳税人的财务管理系统中植入监督设备的权力。

今后燃油补贴也很可能取消，加之奥密克戎病毒对尼日利亚进口贸易的阻碍，多重不利因素叠加将刺激通货膨胀的加剧和资本外逃的加速，这将极大增加人们的生产生活成本，包括项目的建设成本。

项目合同采用FIDIC合同条款，工厂由中国设计建设，采用中国水泥行业标准。其他当地的地方性法规在项目建设期间没有变化。

（五）物流运输风险防范与防范

通过尼日利亚EDO2线项目物流运输方面的操作，总结出以下一些防范物流运输风险的经验，供以后在尼日利亚或者西非实施的建设项目借鉴。

1. 树立一种"大物流"的思想

非洲物流操作要求发货周期提前布置，把采购、制造、发货当成物流链条的一部分，树立"大物流"的思想，统一运筹考虑。

项目部在操作非洲项目物流时，需要将海运时间、中转时间、目的港操作时间、内陆运输时间以及各种可能的突发事件作出细致的考虑。在非洲操作物流，要树立一种"大物流"的思想，不要单单认为仅仅海运、内陆运输叫作物流，那是不够的。毕竟采购、制造、发货是项目物流的一个最起始环节。应把采购、制造、包装发运纳入物流链条中，并作为物流链条的起始环节。只有树立这样一个思想，用全局的观点去考虑物流运输问题，才能去优化物流链条上的每一个瓶颈。

在操作物流工作前期，就要推算出每一件设备乃至每一批钢结构的现场使用时间，这个也就是物流链条上的"终端时间"。以这个时间为基点进行"倒推时间分析"。要根据实际的情况（结合货物所要经过的物流环境）充分考虑链条上每一个子模块（海运模块、港口操作模块等）所要耗用的时间。而且要预留处理突发事件的"时间余量"（有些国家海关罢工时有发生、油荒、港口堵塞等）。时间余量直接要求采购、制造、发运须提前安排。以上分析过程直到倒推出这个设备或是钢结构采购、制造的起始时间为止。可能这个不是很容易获得，要受来自设计等多方面的制约，有很大的不确定性。

但是这个倒推分析过程是十分必要的，这样才能把设计时间、采购时间、制造时间、外贸操作租船订舱时间，货物的离港时间、预计到港时间、实际到港时间、实际到达现场的时间、现场对这批货物的需要使用时间准确地标记在"物流时间轴"上。

2. 发货时间要分散

要考虑目的港的"消化能力"，优化物流链条、控制发运节奏，避免出现不稳定的发运高峰。

通过前期商务考察，要对目的港的吞吐能力、操作能力作一个全面客观地评估。在以后的发运中，要充分考虑发运批次的间隔、每一发运批次集装箱的数量等。而这个计划过程须在上一个"倒推时间分析"所得出的整体物流时间轴上进行灵活安排。

3. 跟踪海运中转情况，对压港问题及时处理

货物从出发港口开始海运，不能就说完成了任务。因为发运仅仅是完成了一个阶段性的工作，而后面跟进工作也是同样重要的阶段。对货物海运的情况要随时跟踪，要了解货物在什么时间到达了什么位置。在货物到达中转港前要了解货代、船代是否安排了第二程的舱位等。通过动态地掌握每一批货物的运输情况，提前去安排下一步工作，排除各环节上的障碍，为货物的顺畅流通创造条件。特别是去往西部非洲的海运，航行周期很不固定，而且经常延误。动态地掌握船舶运行行程，充分给目的港的操作提供必要信息，以便于目的港操作人员能够联动地进行下一步工作安排。关于"中转港仓位"问题，可以通过动态掌握集装箱海运行程，预计到达中转港口的时间，提前联系中转港协调仓位。如果每年的运输量比较大，可以统筹地与船务公司商谈，要求船务公司根据货运的动态来适时地预留仓位，这需要开展一定的公关。

非洲众多港口吃水能力不足，港内的深水码头有限，载重量大的船根本无法靠港。多数港口的设备老化、码头上的岸吊形同虚设，卸船大部分须依靠于船本身的船吊，或者临时租赁移动式吊车，如图10-4所示。集装箱码头往往是由于没有泊位，会导致好几条船到达目的港海域而不能及时靠泊，停在外泊位等待码头。港口装货能力、码头对于货物的处理效率比较低。

4. 海关-清关效率

海关转关较慢或是清关效率较低，这也是非洲国家的共同问题。清关单据尽量要"简单化"，特别是进口水泥设备的名称错综复杂，单据要能非常容易看出各种信息。如果单据中货物描述过于复杂，工作人员就会认为单据有问题。建议发货时尝试用当地人的思维方式去思考问题，制作单据的时候，要符合当地的要求。

有时客户的货物是免税进口的，当地海关对于他们所进口的水泥设备及材料是免税的。这就要求在单据制作时尽量将各个水泥设备的零件套用在水泥设备的名称下。例

图10-4　尼日利亚EDO2线项目散货船靠泊

如水泥包装系统包含许多零件，如果在发票和箱单中体现了其中的某一个螺栓、垫圈的名称，海关就有可能认为进口的不是水泥包装系统，而是单纯地进口螺栓、垫圈零件，这样会影响客户的免税。

5. 非洲内陆运输

（1）多家公司参与的"门到门方式"

在非洲长距离的内陆运输有必要采用"门到门方式"，包括目的港的转关、港口操作。因为涉及诸多环节，一环套一环，因此不宜使用多家代理来分段操作同一批货物的运输。但是并不是说"门到门的方式"非要将所有货物由一家公司单独来代理。如果仅仅找一家公司来进行货物的代理，那么这家公司在短期内还是不错的，但是时间一长很多问题就出现了。因为单独一家公司在业务上没有竞争，没有危机意识，长期就有可能会产生一种"惰性"。因此对于这种"门到门方式"也要选择2家公司同时来做，这样可以最大限度避免由一家公司操作而产生的风险。多家公司操作可以分散风险、产生竞争、提高效率。非洲的货运代理各有各的筹车渠道，多家代理可以筹到更多的车，由于存在竞争，还可以获得压价的空间。

（2）要加强对合同方的控制与监管

订立合同的时候要奖罚分明，违反了合同的规定就要按照合同中的违约责任来履行惩罚。对于运输延误时间的情况，要按照合同扣运输尾款。要通过适当的罚来消除"惰性"，激励运输公司提高效率。

（3）建立在成本优先基础上的运费的灵活性

针对以上合同运费的问题，应考虑在合同运费条款中增加适当的弹性。这个弹性不是说可以任凭代理漫天要价，要根据现场的运价调查来进行综合考虑。内陆运输往往是合同签订2个月后才执行，在这2个月里，运价可能会发生比较大的变化。

6. 针对性地前期考察

鉴于非洲物流情况的特殊性，在操作项目以前，要安排物流专业方面的人员直接参与有针对性的前期考察。对港口条件及费用情况，当地运输市场及法律法规情况，货物运输代理及相关费用情况，当地海关规则、税法情况，从物流的角度进行调查，以便能够得到第一手的资料，做好充分的准备。

（六）自然风险与防范

尼日利亚属于热带草原气候，总体高温多雨，全年分为旱季和雨季，年均气温约为26～27℃，沿海地区年平均气温为32.2℃，最北部可达40.6℃。沿海地区的最低气温为21.1℃，最北部为12.8℃。湿度因地理位置和季节不同而有较大差别。相对湿度从沿海向内陆逐步降低，南部地区相对湿度约80%，最北部则不足50%。旱季因温度较高和少云湿度最低。

项目所在地一般5～10月为雨季，11月至次年4月为旱季。因为雨季长达半年会影响施工工期，地面以下工程应尽量安排在旱季做完，施工用的河沙在雨季来时会涨价甚至不能满足供货，所以在旱季时应根据工程进展适当囤积。

第二节　干系人风险与防范

（一）业主风险与防范

业主风险对承包商来说主要是能否如期支付工程款，其次就是由于业主的不作为导致的有些工作在当地不能如期顺利地开展下去。

本项目的建设过程中，由于以前和业主已经合作过两个项目，所以彼此相互信任，工作能有序地进行下去。业主主要负责项目设备材料的清关和内陆运输，有时清关运输时间较长也是由于尼日利亚国家港口拥堵造成的，对项目建设没有太大的影响。项目中国员工的工作签证也是由业主负责办理。

（二）工程师风险与防范

为了规避工程师给项目带来的风险，在项目实施中，一定要与咨询工程师建立互相信任、互相配合的良好关系，便于工作的开展。另外和业主签订合同前，也要制定合理的流程和审批期限，从而降低工程师的风险。

（三）分包商风险与防范

分包商风险指由于承包商对分包商管理或分包商内部管理不善等原因，在工程建设中带来的质量、进度、成本、安全甚至社会影响方面的风险。

在项目建设中分包商全部来自中国，由于水泥厂建设技术要求高，在当地很难有合格的分包商在技术、质量、进度、安全方面达到要求。项目主要采用清包工模式，主材、辅材、生活住宿全由承包商负责。项目主要风险点在劳资纠纷、安全管理、后勤管理方面。现在主要采用的措施是分包商通过国内的劳务公司外派到项目部，每人都按国家的要求购买保险。安全管理中做好安全培训、监督。把护照集中管理，外出严格遵守请假销假制度。后勤管理中要保证大家吃得健康，住得舒适。

（四）供应商风险与防范

在国际工程中，如果设备、材料的采购和物流运输出现问题，都会严重影响项目的施工组织管理，给项目带来风险。

实际操作过程中，大量的设备、材料来自中国，部分主机设备来自欧洲。部分施工主材和辅助在当地购买。在中国和欧洲的供应商都是多年的合作伙伴，大家的履约能力很强，基本没有风险，在当地的供货商中，要注意的是一定要签供货合同，但是需要采用货到付款，而不是采用先预付的方式。材料的验收也要做好，避免出现不能使用的情况。此外，由于当地主要采用公路交通的运输方式，道路状况差，资源也比较匮乏，有时候十多天也到不了货，加上当地人办事有拖延的习惯，如果时间比较紧张还有可能涨价，所以采购时间要提前，要给自己留出充分的时间以免影响现场工程进展。

第三节　自身风险及防范

（一）规划决策风险与防范

规划决策属于战略问题，要决定是否进入所在国的国别市场。公司已经在尼日利亚建设了几条生产线，开始是LAFARGE投资的，后来是BUA投资的，对尼日利亚这个国家也比较熟悉，风险可控。

此外项目的建设前期规划决策也至关重要。要进行开工前的调研，要明确哪些问题需要在当地解决，哪些东西需要从国内进口，要通过调研拿出方案并遵照执行，并且要及时纠错，及时调整。

（二）合同风险与防范

现代工程项目建设规模越来越大，技术越来越复杂，涉及的利益方也越来越多，所以就需要更加公平，更加全面涵盖合同双方责、权、利关系的合同。菲迪克组织经过上百年的不断探索、总结、分析、研究，逐渐完善了相关合同条款，公司在这个项目建设中使用的就是《设计采购施工（EPC）/交钥匙项目合同条件》。

这些合同条件相对双方来说比较公平，这些比较权威的合同条件，也体现了风险分担的五项原则精神。需要注意的是FIDIC的条款相对完善，合同双方不要随意删减其中的条款，否则可能对一方不利。

（三）管理风险与防范

企业管理体系是企业组织制度和企业管理制度的总称。一个国际工程项目，时刻离不开企业管理体系的支持和运转，从项目人才需求、技术支撑、现场设备资源的调遣、国际设备及原材料的采购、资金筹措、法律纠纷、对外协调和联络都需要企业国内总部和项目现场整个体系的良性运作，一旦管理体系存在缺陷或者运转不畅，都会给项目带来巨大风险。所以，现场部分必须要由具备实战经验的人来主持。国内国外联通互动，有效衔接，才能让这个体系高效运转下去。

（四）技术风险与防范

在国际工程施工中要掌握相应的技术规范和标准，了解东道国的相关工程行业的习惯做法。做好标准的对接，国际上常用的标准有中国标准、英国标准、美国标准、日本标准。比如焊接材料、钢材、润滑油在不同的标准中有不同的编号。在水泥建设行业中，中国技术和中国标准早已走出国门，从而也带动了中国设备的出口。在国外建设的水泥项目中，使用的都是中国标准，但技术人员的技术水平高低也是风险之一。

工程设计是工程质量、成本的根本，重要性不言而喻。这个项目是公司国内总部设计，通过业主审核就能按图施工，在尼日利亚有的行业，如果是在中国设计的图纸需要到当地规划局去转化成当地标准（尼日利亚使用的是英国标准）后才能通过审批。

（五）人力资源风险与防范

国际工程是一个规模大、工期长、风险高的项目，需要懂国际工程技术、管理、法务、商务、税务、环境和职业健康安全，国际采购等的各方面人才。对公司来说，耕耘海外市场几十年，也培养了一大批人才和相对完善的管理体系。但是不得不承认，公司所承建的水泥厂项目都是靠近石灰石矿山的，远离繁华市区，条件相对艰苦。有些员工不愿长期在境外项目上持续工作。虽然也有较好的休假制度，但也面临着个别人才流失的风险。

对中国分包商工人的管理非常重要，他们的目的是出国挣钱养家糊口，要满足他们的基本诉求，避免群体性事件，在管理过程中要关注他们的工资是否按时发放，和家人的沟通是否顺畅，现场的工作是否安全，生活得是否健康快乐。工作好、家庭好、心情好一般就不会有什么大的事情发生。对当地招聘的工人管理也很重要，从某种程度来说当地工人也是项目建设的生力军，在管理中也要非常重视他们的工资是否及时全部到位，有没有克扣工资的情况，注意当地工人和中国员工的相处是否融洽。有小问题要及时处理，不然会酿成大的问题，当地工人有成立工会的传统，他们有任何诉求如得不到满足就会组织罢工，比较常见的要求是罢免劳务公司、涨工资。但是每个公司都有自己管理制度，应按制度执行，不合理的诉求不应满足，否则会导致一次一次不正当罢工。对于公司的长期雇员可以采取激励措施，每年适当涨些工资或者年底给予一次性奖励。

（六）财务风险防范

1.资金跨境结算（要求、结算标准）

进出口企业在资金结算方面除了从采用本地货币信用证转为采用外地货币信用证之外并不会有明显的感觉，真正的变化在于境内外银行之间的后台结算部分。比如，中国某出口企业在与海外买家协商过程中，可以要求以人民币结算，海外买家则在付款行开具人民币信用证，随后议付行通知买家，之后才是发货、收货、收付款等。

商业银行开展跨境结算业务有两种操作模式，即代理模式和清算模式。所谓代理模式，主要是指中资行委托外资行作为其海外的代理行，境外企业在中资企业的委托行开设人民币账户；而清算模式主要是在指在中资行境内总行和境外分支行之间进行业务的模式，即境外企业在中资行境外分行开设人民币账户。

从企业角度来讲，资金跨境结算实质上就体现在换汇业务上。就尼日利亚的中资企业而言，主要涉及资本项下的换汇业务和贸易项目下的换汇业务。

资本项下结算业务遵循原始投资资金的输入和输出等额的原则。原始投资包含权益投资资金和债权投资资金，可以是机具设备类实物，也可以是外币资金。原始投资资金输入时，需要办理资本输入证明（CCI），若为外币资金输入，需要在资金进入尼日利亚境内后24h之内结汇为尼日利亚当地货币。原始资金撤回输出国时，可凭资本输入证明，免税按照商业银行即期汇率换汇汇回输出国。向尼日利亚境外股东单位汇出利润时，须提交企业所得税完税证明，年度审计报告、代扣代缴股东单位预提税证明，资本输入证明。

贸易项下的跨境业务结算方式主要为托收和信用证，主要结算币种为美元或欧元，银行对汇款项下的真实业务背景会做严格审查。真贸易条件下的跨境汇款，须提交合同、提单、形式发票等。

尼日利亚部分银行也开通了针对农业、机械设备、原材料（41类禁止进口产品除外）人民币跨境结算业务。部分银行，如尼日利亚第一银行和标准银行，在北京和上海有分支机构，使得中尼跨境结算业务更加方便和快捷。

2.税务方面

（1）外国人在当地工作的规定（薪酬待遇、个人税筹划等）

尼日利亚是非洲的第一大经济体，也是非洲人口最多的国家，但其存在较严重的失业问题。其实行严格的外籍劳务政策，从而保护本国劳动力市场，同时减少失业也是各届政府的重要政务。尼日利亚《移民法》规定，"凡有不良记录、从事损害尼日利亚利益或从事有损本国人商业活动之人均不得在尼日利亚工作"，限制外国人就业的法律制度主要包括外籍劳务配额制度和工作签证制度。外籍劳务配额制度的主要适用对象是聘请外籍劳务的企业，除了烦琐的申请材料与严格的审批程序之外，对企业还有严格的资质要求，比如最低股本1000万奈拉以上的资金要求、高额的公司税缴纳证明、高昂的申请费用等，以此有效控制尼日利亚国内企业雇用外国劳动者的数量。工作签证制度体现了尼日利亚政府在入境环节对外国就业者个人签证的限制，其主要通过设定严格的工作签证的申请条件、审批程序和期限等限制工作签证的发放数量，以达到限制外国人入境就业的目的。

尼日利亚个人所得税计算采用五级累进制，年应纳税所得额=年收入总额－免征额－附加扣除。其中，年收入总额包括：基本工资、房租补贴、交通补贴、伙食补贴、医疗补贴、奖金等各种所得。免征额为收入总额的20%再加免5000奈拉，附加扣除有子女补贴10000奈拉，亲属补贴4000奈拉。个人所得税税率如表10-1所示。

个人所得税税率表（单位：奈拉）　　　　　　　　表10-1

年应纳税所得额	税率	月速算扣除数
0-300000	7%	0
300001-600000	11%	1750
600001-1000000	15%	6333
1000001-1600000	19%	12583
1600001-3200000	21%	20500
超过 3200000	24%	48500

各中资企业当地雇员的工资标准超过联邦政府规定的月最低工资标准30000奈拉。并且，由于当地雇员个税申报信息完整，所以根据当地税法按月依法申报理所应当。但就中国籍员工而言，普遍存在工资发放地在中国，服务对象所在地在尼日利亚的情况。因而对年度收入总额的核定比较困难，尤其难以找到让当地税务局信服的收入证明。因而多数中资企业不得不接受年度收入总额自我评估的折中方法。税务局对评估标准做了下限指导。设计、建筑行业个人税年收入总额最低标准如表10-2所示。

设计、建筑行业个人税年收入总额最低标准表（单位：奈拉）　　表10-2

工作岗位	亚洲、非洲人	欧洲、美洲人
总经理	9000000	14500000
高层管理人员	6000000	8500000
中层管理人员	5000000	7000000

工作岗位	亚洲、非洲人	欧洲、美洲人
底层管理人员	4000000	4500000
技工	3500000	4000000

个人所得税与企业所得税相互关联，未缴纳个人所得税的人工成本将无法计入营业成本，从而加大企业所得税税基。尼日利亚企业所得税税率为30%，个人所得税最高税率为24%，因此个人所得税的合法申报对控制企业所得税费用非常重要，二者应当综合考虑。税务筹划工作应简单明了：当地职工按照上述个人所得税计算方式进行申报纳税，中国籍员工按照年度收入评估的最低标准进行申报纳税；科学制定各级员工的工资标准，获得税务局对中国籍员工最低公司标准评估的认可，从而使个人所得税和企业所得税之和最小化，进而达到合理纳税的目的。

（2）如何合理避税以及我国对境内外交税抵扣规定

了解和熟悉当地税法和会计法、根据所在国会计准则做好当地账是外资企业依法纳税及合理避税的基础。尼日利亚主要税种为企业所得税、教育税、增值税、预提税和个人所得税。具体税务筹划，或避税措施，个人所得税见（1），企业税所得税、增值税、预提税见（3）。

根据《中华人民共和国企业所得税法》的规定，企业取得的下列所得已在境外缴纳的所得税税额，可以从其当期应纳税额中抵免，抵免限额为该项所得依照本法规定计算的应纳税额；超过抵免限额的部分，可以在以后五个年度内，用每年度抵免限额抵免当年应抵税额后的余额进行抵补：（一）居民企业来源于中国境外的应税所得；（二）非居民企业在中国境内设立机构、场所，取得发生在中国境外但与该机构、场所有实际联系的应纳税所得。

（3）关于税收遇到的问题及解决方案，注意事项

问题1：不少中资企业只有中文账，无英文账致使联邦税务局无法理解企业经济业务的实质，从而只能结合银行对账单并根据收付粗略估算收入和成本，无法申请如资本津贴之类的非付现税前扣除项目。无法将预收和收入，预付、应付和成本明确地加以区分，从而导致所得税费用超出实际税负。

解决方案：聘用当地持证会计记录当地账，切忌直接用中文账翻译为英文账，应聘请会计师事务所做合规分析和纳税申报。

问题2：权益类投资未向尼日利亚中央银行申请资本输入证明，固定资产投资未向尼日利亚投资与发展部申请固定资产验收证明，无资本输入证明导致外商投资企业的身份无法得到充分的证实，无法享受原始投资免税汇回投资国的税收优惠，无固定资

产验收证明导致无法税前扣除资本津贴，进而导致所得税税负不当增加。

解决方案：资本输入证明可以由开户行协助办理，但是需要注意申请办理的时间，一般在外资汇入前，或者设备离港前申请办理。固定资产达到预定使用状态后，派当地会计师或者聘请中介协助办理。

问题3：企业所得税实行客户源泉代扣代缴，时有客户代扣但未代缴的情况出现。进而年度汇算清缴时，因缺少预提税税票而无法抵扣申报年度企业所得税税负。本企业亦是供应商预提税的扣缴义务人，时常面临税负转嫁的问题。

解决方案：企业所得税预提制度具有尼日利亚特色，客户履行扣缴义务，本企业（纳税人）履行纳税义务。出现偷税漏税的违法行为时，双方都具有法律责任。所以纳税人应当在纳税义务发生时，及时向客户索要税票，若索要税票无果，应及时向税务局书面报告，以获得税务局协助。就供应商的税负转嫁问题，唯有货比三家，寻得最低采购价后，签证正式采购合同，严格界定税负负担的条款。

问题4：尼日利亚增值税无防伪税控系统，对于施工企业而言，工程进度款单笔金额较大，收款频率较制造企业低，因而容易核算销项税额，但是购进商品时，有些商家未做或不愿意做价税分离，因而导致进项税务不足，或者进行税额无法获得税务局认可。

解决方案：明细采购合同中的价格条款，清晰界定含税价与不含税价。同时，设置增值税专员专岗，在日常业务中注意审核发票，对未进行建设分离的业务，根据合同进行价税分离并获得税务局认证。

注意事项：尼日利亚联邦税务局通常会对企业的纳税行为进行不定期税务稽查，一般为企业所得税年度汇算清缴中止日后进行。营业额超过10亿奈拉的纳税大户，由纳税大户税务局专管。企业虽然获得会计师事务所出具的标准无保留意见的审计报告，并聘请事务所进行税务申报且获得当年的完税证明（TCC），并不意味着该年度企业所得税纳税义务已了结。在纳税申报次年，税务局仍然有可能进行税务稽查。只有获得税务局出具稽查报告的纳税年度，后续税务才会不予追查。

第四节　中资企业在尼日利亚开展业务的注意事项

（一）投资方面

中国企业在尼日利亚投资时应注意以下问题：

1. 政策波动性较大

尼日利亚政策波动性较大，容易造成投资项目的进程受阻甚至失败，投资者应注意政策风险。

2. 行政成本高

尼日利亚政府行政审批环节多、行政成本较高，大大增加了企业投资项目的时间成本和相关风险。

3. 技术性劳动力缺乏

尼日利亚人口众多，但教育普及程度低，技术性劳动力较为缺乏（图10-5）。

4. 社会治安不佳

尼日利亚治安事件多发，近年来，绑架案有增多趋势，中国企业和中方人员要注意人身和财产安全。

5. 工会力量比较强大

在尼日利亚罢工是合法的，工会动辄组织工人罢工，即便是政府有时也不得不向工会和工人妥协，企业应同工会建立良好关系。

6. 基础设施落后

尼日利亚电力不足，通信质量差，铁路运力不足，公路普遍年久失修，供水不足，大大增加了企业投资、运营成本，仅电力问题一项就会增加约10%的成本。

7. 获得外籍员工准入许可困难

在尼日利亚企业要雇佣外籍员工，必须向尼日利亚内政部移民局申请配额，还要办理工作居住证。要获得这两项批准程序烦琐、十分困难，雇佣一个外籍员工必须培养2名当地学徒并支付高额费用，还必须提供金额很大的纳税证明。企业在办理绿卡过程

图10-5　邀请当地民众参观工厂，提供实习条件

中，往往遇到拖延不办、材料遗失等问题，尼日利亚方办事人员工作效率不高，给外国人出入境带来不便。

8. 土地问题

尼日利亚对土地处置、转让限制很大，缺乏市场流动性、透明性和确定性。土地一旦被没收，其补偿对投资者十分不利。另外，获得土地的程序十分繁杂，手续费较高。

【案例】某中资企业从一位当地人手中购买了一块土地，此人各类手续齐全，但当交易结束，准备动工开发该土地时，发现这块土地属于政府用地，不能用于私人开发，其中几项手续是该当地人伙同当地政府工作人员伪造的，盗用了政府公章。因此，提醒中资企业和个人谨慎考察当地土地项目。

9. 经济纠纷难以妥善解决

根据世界银行《国际商环境调查》的数据，在尼日利亚60%以上投资者对判决的公正性不满，90%以上的投资者对案件审理的效率不满。很多中资企业在投资过程中常遇到当地合作伙伴缺乏商业诚信问题，提请中资企业和个人注意。

（二）贸易方面

与尼日利亚方企业开展贸易活动时应该注意以下事项：

1. 加强风险防范意识

鉴于尼日利亚金融信贷体系不发达，货到T/T付款是不法商贩进行诈骗的惯用方法，中方在与尼日利亚商人做生意时，无论新老客户，交易量大小，均须严格规定支付条款，要求以100%T/T预付；或T/T预付部分货款，其余在发货前T/T支付；或25%～30%T/T预付，其余70%～75%以保兑的不可撤销的即期L/C方式支付，并一定要求欧美等第三国银行保兑。在与尼日利亚商人签合同时，不要接受远期L/C或货到付款D/A、D/P等方式，以防上当受骗。有尼日利亚不法商人采取先支付少量订金，骗取中资企业发货，然后再以种种理由骗取货物等手段，欺诈中国企业。此外，少数尼日利亚商人以赴华洽谈采购为名骗取中国公司邀请函及赴华签证通知表，中国企业应注意鉴别。

2. 保证出口商品质量

尼日利亚市场潜力很大，中国商品在当地有很强的竞争力，中国企业应保证出口商品质量，以优良的产品和优质的售后服务长期占领尼日利亚市场。

3. 加大产品促销力度

为提高中国产品特别是高新技术产品在尼日利亚市场的认知度，中国企业可通过广告、商品促销会等多种形式加大对产品的宣传力度，力争创出知名品牌。

（三）承包工程方面

中国企业在尼日利亚承包工程时应注意以下事项：

1. 政策缺乏连贯性

尼日利亚一些政策缺乏连贯性，对合同和FIDIC条款的履行不严格，承包商有时甚至无法按照国际惯例索赔，这给中资企业在尼日利亚进行合同谈判和项目实施增添了许多困难。2019年尼日利亚大选后，总统布哈里获得连任，一定程度保证了政策的连续性。中资企业仍应密切关注尼日利亚政策走向，准确研判经济趋势。

2. 工程款拖欠问题严重

工程款支付不及时、拖欠严重是尼日利亚工程承包市场较普遍的现象。在与尼日利亚方签订合同时一定要谨慎约定付款和交付条件，在项目实施过程中切忌冒进，应注意保持工程进度与业主付款相一致，从而避免因工程款拖欠造成损失。

3. 工程管理欠规范

尼日利亚工程项目的实施遵循标准合同范本，但执行不够严谨，实施过程中人为因素较多，业主、咨询变更设计频繁，造成人力物力浪费，给施工带来不利影响。

4. 外汇管制和汇率风险

尼日利亚实行外汇管制，资金无法自由汇出。2015年以来，奈拉汇率出现较大波动，官方汇率同平行市场汇率一度出现超过50%的汇率差。另外，尼日利亚国民经济对石油产业过分依赖，很多地区存在不稳定因素，汇率潜在风险较大。2020年3月国际油价大跌后，奈拉兑美元官方汇率直接从307：1跌至360：1。通过妥善选择结算货币、进行合理的币种搭配、在合同中对汇率变化加以约定，可在一定程度上减少汇率损失。

（四）劳务合作方面

中国企业在尼日利亚进行劳务合作应该注意以下问题：

1. 高度重视安全问题

治安、疟疾和交通安全问题是尼日利亚社会"三大隐患"。近年来，尼日利亚恐怖活动频繁，尤其是在尼日利亚东北部地区，不时有恐怖事件发生，造成人员伤亡。尼日利亚南部尼日尔河三角洲地区是武装分子的聚集地，绑架外国人质事件时有发生。尼日利亚是疟疾疫情高发区，在尼日利亚务工人员很难避免感染疟疾。尼日利亚公路交通状况较差，加上当地司机多有超速驾驶的习惯，交通事故频发。在尼日利亚开展劳务合作，应高度重视安全问题。

2. 提前通过合法途径和正规渠道办理签证

为保护本国就业，尼日利亚对外籍劳务管理日趋严格，实行严格的签证审批制度，普通劳务和商务人员必须进行面试，且签证办理周期较长。按照尼日利亚规定，在引进外籍劳务前，用人单位须首先向内政部申请相应类型的工作配额，并由内政部长批准。在尼日利亚务工应通过合法途径和正规渠道办理签证和工作许可。尼日利亚移民局不定期对外籍劳务人员进行抽查，持商务签证或旅游签证在尼日利亚工作的，一经发现将被遣返。

2018年以来，尼日利亚联邦政府对在国内签证逾期居留的外国人采取了严厉的惩罚措施。违反签证截止日期的外国人会被要求支付200美元到4000美元作为处罚。尼日利亚境内移民局内部消息人士证实，该政策已由内政部实施。来自非西共体成员国的访问者在未经授权或允许的情况下在尼日利亚逾期居留的，将被处以4000美元或相应奈拉的罚款。

3. 纯劳务合作应慎重开展

尼日利亚对外籍劳务实行配额管理，只有具有一定专业技能的外籍劳务人员才有可能获得工作许可。加上尼日利亚工资水平低、各类安全问题突出，与尼日利亚开展纯劳务合作应慎重。

（五）防范投资合作风险

在尼日利亚开展投资、贸易、承包工程和劳务合作的过程中，要特别注意事前调查、分析、评估相关风险，事中做好风险规避和管理工作，切实保障自身利益。特别是要对项目或贸易客户及相关方的资信进行调查和评估，谨慎选择合作伙伴，分析、规避投资或承包工程国家的政治风险和商业风险。相关企业应积极利用保险、担保、银行等保险金融机构和其他专业风险管理机构的相关业务保障自身利益，包括贸易、投资、承包工程和劳务类信用保险、财产保险、人身安全保险等，银行的保理业务和福费廷业务，各类担保业务（政府担保、商业担保、保函）等。

建议中国企业在开展对外投资合作过程中使用中国政策性保险机构——中国出口信

用保险公司提供的包括政治风险、商业风险在内的信用风险保障产品；也可使用中国进出口银行等政策性银行提供的商业担保服务。

中国出口信用保险公司是由国家出资设立、支持中国对外经济贸易发展与合作、具有独立法人地位的国有政策性保险公司，是中国唯一承办政策性出口信用保险业务的金融机构。公司支持企业对外投资合作的保险产品包括短期出口信用保险、中长期出口信用保险、海外投资保险和融资担保等，对因投资所在国（地区）发生的国有化征收、汇兑限制、战争及政治暴乱、违约等政治风险造成的经济损失提供风险保障。

如果在没有有效风险规避情况下发生了风险损失，也要根据损失情况尽快通过自身或相关手段追偿损失。通过信用保险机构承保的业务，则由信用保险机构定损核赔、补偿风险损失，相关机构协助信用保险机构追偿。

（六）其他应注意事项

1. 社会治安：尼日利亚政局总体平稳，但因部族、宗教和政党矛盾引发的冲突时有发生。

尼日利亚工会势力较强大，经常号召罢工，有时会演变成地区性骚乱。企业工人、警察、教师收入不高，因物价较高，其普遍要求提高待遇，改善工作生活条件。

长期以来，尼日利亚经济主要依靠石油出口，工农业生产水平较低，对外依赖度高。由于人口众多，收入单一，导致失业率高，部分地区有大量闲散人员，导致社会治安较差。

中国公民（特别是不懂英语又举目无亲者）不宜单独来尼日利亚旅行。已入境的中国公民晚上最好不要外出。最好租住有物业管理的公寓房，安全较有保障。最好随时携带手机，以便及时与外界联系。

另外，在拉各斯某港口曾发生一起因4名中国公民因拍照遭尼日利亚安全部门扣押的案件。中国驻尼日利亚大使馆提醒中国公民，切勿在尼日利亚军营、警察局、政府驻地、港口和机场等敏感区域拍照；在其他公共场所拍照，也须事先询问接待方或执勤人员，确认允许后再拍照，以免招来不必要的麻烦。

2. 自然灾害：尼日利亚很少发生例如地震、海啸、台风等自然灾害，但洪涝灾害、旱灾和沙尘暴灾害时有发生，据尼日利亚联邦应急事务管理署数据显示，2018年9月的洪水至少造成了12个州的108人死亡，此外还有441252人受灾、13031座房屋倒塌、122653块农田被摧毁。由于雨季多雷雨，须预防雷电袭击。尼日利亚道路交通状况较差，市政交通设施不完善，在尼日利亚乘车须注意交通安全。

3. 食品卫生：尼日利亚城市食品供应较为充足，尼日利亚设有食品药品管理控制署（NAFDAC），对食品和药品的进出口、生产等进行监督，但建议不直接饮用当地自来水。

4. 关于中资企业排放污染物的报道偶见报端，提醒中资企业应严格遵守当地地方性法规，注重生态环境保护，同当地社区构建良好关系。

5. 近年来国际油价波动较大，尼日利亚财政收入减少，许多政府项目因资金不足难以开展，涉及的中资企业经济纠纷增多。在此情况下，中资企业应避免恶性竞争，发生经济纠纷应尽量内部协商解决。

第五节　中资企业在尼日利亚如何实现和谐共处

（一）处理好与政府和议会的关系

中国企业要在尼日利亚建立和谐的公共关系，不仅要与尼日利亚联邦政府、州政府和地方政府建立良好的关系，而且要积极处理好与尼日利亚议会的关系。具体可以从以下几方面着手：

1. 要关注尼日利亚政府和议会的换届选举、政治和经济政策走向以及议会所关心的焦点和热点问题。

2. 要了解尼日利亚政府各部门和议会各专业委员会的相关职责以及他们关注的焦点和热点问题。在力所能及的范围内协助政府解决一些他们关心的问题，如图10-6所示。

3. 要与所在辖区议员、相关专业委员会有影响力的议员或议会领导层保持沟通，报告公司发展动态和对当地经济社会发展所做贡献，反映企业发展中遇到的困难和问题，与他们建立良好的工作关系。

4. 要配合尼日利亚议会举行的听证会

中企完成尼日利亚女子学校"中国之角"房屋修缮工作【2】

2021年12月16日13:27 | 来源：人民网·国际频道

图10-6　人民网对中材建设尼日利亚公司参与慈善活动的报道

等活动。如受到邀请，应积极配合，充分准备，树立中国企业的良好形象。

5. 要注意处理好与当地部族首领、宗教领袖等的关系，请其协助理顺社区关系。要善待当地雇员，注意当地宗教和风俗习惯，避免同当地部族发生冲突。在尼日利亚中资企业应注重属地化经营，经常开展与政府有关部门的对话及研讨，加强彼此间沟通。

（二）妥善处理与工会的关系

中国企业要全面了解尼日利亚的《劳工法》（Labour Act）和《工会法》（Trade Union Act）等法律法规，熟悉当地工会组织的发展状况、制度规章和运行模式。应根据当地规章和本企业实际情况，研究确定是否成立工会组织。在尼日利亚中资企业应通过加深属地化经营，保障员工福利待遇，保持与全国性、行业性工会组织的沟通联系，预防化解矛盾。在同当地雇员发生纠纷时，应积极应对，避免事态扩大，造成不良影响。另外，应注重媒体宣传，为企业树立良好形象。

（三）密切与当地居民的关系

大部分在尼日利亚参与经商活动和工程承包的中资企业和个人遵守当地地方性法规和风俗习惯，坚持属地化经营，为当地创造了大量就业和税收，在当地口碑较好。但也存在一些企业有违法乱纪和不文明现象，如同当地雇员发生冲突、企业排放污染物等情况，造成了不好影响。建议来尼日利亚投资兴业的中资企业和华侨华人注重以下几点：

1. 要重视与当地部族、社区和居民搞好关系；

2. 要了解当地文化特点、文化禁忌和文化敏感问题，避免触犯当地居民的禁忌；

3. 要实行人性化管理，严禁打骂当地员工；

4. 加快本地化步伐，聘用、培训和培养当地人参与企业管理，增加当地就业，促进中国企业发展；

5. 有条件的企业可对贫困地区部族开展捐赠活动，或协助项目所在地修建基础民生设施，增强彼此信任，如图10-7所示。

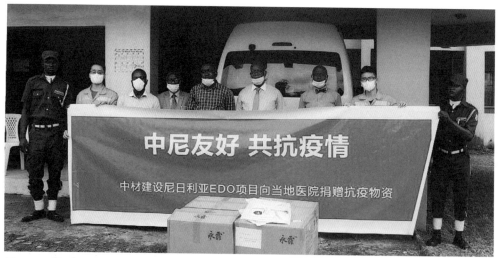

图10-7　项目部向当地医院捐赠抗疫物资

（四）尊重当地风俗习惯

1. 要尊重当地居民的宗教信仰，决不能拿宗教问题开玩笑。

2. 要尊重当地的风俗习惯。如与当地人聚餐时不要强行劝酒，以个人随意为佳；不要打听当地人的个人隐私，如个人感情、工资收入等；在会谈、社交、工作和休闲不同场合，恰当着装，不可赤膊出现在公共场所；注意吸烟场合，如有女士在场须征求其意见。

3. 在尼日利亚中资企业应避免介入当地宗教和部落冲突，避免同当地人发生冲突。

（五）依法保护生态环境

尼日利亚比较注重环境保护。中国企业在尼日利亚开展投资合作和工程建设，要依法保护当地生态环境，如图10-8所示。

1. 要了解尼日利亚的环境保护法律和法规，及时跟踪其环保标准变化情况；

2. 企业对生产经营过程中可能产生的环境问题，要事先进行科学评估，在规划设计过程中选择好解决方案，否则不能通过尼日利亚政府的环境评估；

3. 企业应重视当地各项环保法律法规，在易发环保事故的领域保持良好的守法记录。

图10-8　长皮带廊建设的生态保护情况

（六）承担必要的社会责任

要积极参与当地的公益事业，承担企业应尽的社会责任。企业应投入一定的人力和资金，参与当地社区的公益事业，帮助解决当地社区的热点问题，如为当地居民打井、修路、修建学校等，密切与当地社区和居民的关系。

【案例】在尼日利亚中资企业主动免费为当地培训专业人才，获得政府和民众的普遍认可，如华为公司为尼日利亚提供了2000多个信息和通信技术（ICT）培训机会，尼日利亚副总统奥辛巴乔对此深表感谢，未来华为还将选择优秀的尼日利亚女性到中国参加培训，奥辛巴乔亦对此表示赞扬。

【案例】在尼日利亚中资企业在新冠疫情防控期间，积极履行在当地的社会责任，捐款捐物助力尼日利亚抗击疫情。中土尼日利亚公司组织18人医疗团队携大量物资包机来尼日利亚，并且尼日利亚中国总商会也组织企业捐款捐物。

（七）懂得与媒体打交道

尼日利亚媒体具有巨大的社会影响力，能够影响公共决策和公众态度，因此中国企业在尼日利亚经营时，应重视并懂得如何与媒体打交道。企业应建立正常的信息披露制度，可设新闻发言人，定期向媒体发布相关信息。

企业在遭遇不公正的舆论压力时，应注重宣传引导，向媒体提供准确的新闻稿，通过主流媒体发布主导性消息，引导当地媒体对本企业进行有利的宣传。

加强与媒体和记者的联系和互动，通过当地媒体宣传，提高中国企业在当地的公众形象。

目前，在尼日利亚多家大型中资企业注重媒体宣传，定期将企业的动态、慈善公益活动、最新产品等信息在主流媒体宣传，为企业打造了良好的形象。

（八）学会和执法人员打交道

在与尼日利亚执法人员打交道时，注意以下两点：

1. 尼日利亚是法制体系较为完善的国家，在尼日利亚工作生活一定要熟悉当地的法律、经济体制、经济政策和风俗礼仪等，这样才能在关键时刻有理有据地捍卫自己的权益。如遇尼日利亚警察无理盘查，可注意查看和记下他们的警号或警车车号，并礼貌地要求对方出示带有照片的警察证件，尽量避免与办案警察发生激烈的言辞和肢体冲突。

2. 注意随身携带尼日利亚当地紧急救助电话号码（火警999，匪警999，急救123）和中国大使馆值班电话号码（08065842688）、驻拉各斯总领馆值班电话号码（08056666116），如遇到异常情况和不公正的对待应立即打电话求助。与此同时，利用随身携带的手机、相机等电子器材摄影、摄像或录音，记录现场情景，保存证据。

（九）传播中国传统文化

中国传统文化博大精深，随着中尼交往日益密切，不少尼日利亚民众和企业对中国文化更加了解，并抱有浓厚兴趣。中国企业在尼日利亚投资时宜将中国文化同"入乡随俗"有机结合起来，在投资合作、融入社区的过程中，主动介绍中尼文化差异，以便尼日利亚方更好地了解中国企业的投资理念和目的。中国驻尼日利亚大使馆和尼日利亚中国总商会每逢中国传统佳节，都会组织文艺晚会等活动，组织中国员工和当地人共度佳节，增进彼此了解和感情，营造有利于企业发展的外部环境。

【案例】在尼日利亚经营数字电视的四达时代公司开通了中文电视频道，并建有自办频道，提供翻译后中国影视和文艺节目，宣传中国文化。中资企业和经商人员在尼日利亚当地开展投资合作过程中，应注重弘扬中国传统文化，如教授当地人学习中文、学唱中文歌曲等，增进互信，加深了解，促进友谊，培养朋友，把中国的文化传向世界。

图10-9　中华文化进工厂活动

【案例】中材建设尼日利亚公司组织中华文化进工厂活动。为贯彻落实集团和中材国际关于外宣及跨文化融合工作部署要求，积极扩大中华文化影响力，增进与当地的人文交流与友好互信，中材建设尼日利亚公司在中尼两国共迎国庆期间以"国庆盛典中尼同庆，文化交流中非齐名"为主题，举办了中华文化进工厂活动，如图10-9。活动得到了中国驻尼日利亚大使馆文化处的大力支持。

活动在尼日利亚制造有限公司阿布贾工厂举办，以"一带一路"建设为主线，结合中材建设在尼日利亚多年的经营业绩，分别从中尼交往、工程建设成果和文化交流三个模块进行展示。中方和尼方员工停留驻足在活动展板前，深刻感受中华文化的源远流长与博大精深，一位迷恋中国功夫的尼方员工还情不自禁地当众表演了一番。

文化是纽带，思想是"统帅"，将文化融入思想发展，让思想推动文化传播。尼日利亚公司不仅要尊重和理解当地员工的宗教信仰和风俗习惯，增加大家的企业归属感，还要积极展示中华文化的影响力，提升文化自信以及增强尼方员工的文化认同感。

本次中华文化进工厂活动的举办，进一步扩大了中华文化在海外的传播，增进尼方员工对中国文化、公司文化的认同，对公司属地化经营发展进程起到了积极作用。

（十）其他

中资企业在尼日利亚当地开展投资合作过程中，还需特别注意与当地同行业企业的和谐相处、有序竞争。近年来，随着尼日利亚政府大力推动本土化发展战略，中资企业竞争压力增大，政策风险提升，尤其需要加强属地化经营，规避风险。

第六节　中国企业/人员在尼日利亚遇到困难该怎么办?

（一）寻求法律保护

在尼日利亚，企业不仅要依法注册、依法经营，必要时还要通过法律手段解决纠纷，捍卫自己的合法权益。

由于法律体系和语言的差异，中国企业应该聘请当地律师处理企业的法律事务，一旦涉及经济纠纷，可以借助律师的力量寻求法律途径解决，保护自身利益。

（二）寻求当地政府帮助

尼日利亚州政府和地方政府重视外国投资。中国企业在尼日利亚投资合作中，要与所在地政府相关部门建立密切联系，及时通报企业发展情况，反映遇到的问题，寻求所在地政府的支持。遇到突发事件，除向中国驻尼日利亚大使馆经商处、驻拉各斯总领馆经商室、公司总部报告外，必要时也可与所在地政府取得联系，寻求帮助。

尼日利亚主管外商投资合作的政府部门主要是尼日利亚投资促进委员会（NIPC），该委员会同时担负投资促进职能。

（三）取得中国驻当地使（领）馆的保护

中国驻尼日利亚大使馆和驻拉各斯总领馆领事部可以提供的帮助，请查询外交部网站。

中资企业在尼日利亚投资合作中，可经常浏览中国驻尼日利亚大使馆经商处和中国驻拉各斯总领馆经商室的网页，了解尼日利亚最新的政治经济形势和注意事项。

中资企业应该在进入尼日利亚市场前，征求中国驻尼日利亚大使馆经商处或驻拉各斯总领馆经商室的意见；投资注册之后，按规定到使馆经商处或总领馆经商室报到备案；保持与经商处或经商室的日常联络。

遇到重大问题和事件发生，应及时向大使馆/总领馆报告；在处理相关事宜时，要服从大使馆、总领馆的领导和协调。

（四）建立并启动应急预案

1. 建立应急预案

尼日利亚营商环境较差，中资企业在尼日利亚开展投资合作，要客观评估潜在风险，有针对性地建立内部紧急情况预警机制，制定应对风险预案。对员工进行安全教育，强化安全意识；设专人负责安全生产和日常的安全保卫工作；投入必要的经费购置安全设备，给员工上保险等。

2. 启动应急预案

遇到突发自然灾害或意外事件发生，应及时启动应急预案，争取将损失控制在最小范围内。遇到火灾和人员伤亡，应及时拨打当地火警和救护电话，并立即上报中国驻尼日利亚大使馆或驻拉各斯总领馆和企业在国内的总部。

（五）其他应对措施

中资企业及公民在尼日利亚如遇突发状况，或遇有语言不通等特殊情况，应尽快通过各种联系方式与中国使馆领事部门取得联系，也可与尼日利亚中国总商会等组织取得联系，告知所遇困难及地理信息，以便尽快解决。

在中资企业间、华人内部发生的纠纷，应尽量内部协商解决，避免矛盾扩大，如需通过法律途径解决纠纷，可通过国内有关单位进行。

如遇恐怖袭击、绑架、抢劫等恶性治安事件，请及时报警，并与中国驻尼日利亚大使馆和工作单位取得联系。

阿布贾火警电话：092906118

紧急求助电话：199

警察紧急救助电话

阿布贾：08061581938、07057337653、08032003913

拉各斯：08081776262、08023400797

第三篇

合作共赢与展望

合作共赢是指交易双方或共事双方或多方在完成一项交易活动或共担一项任务的过程中互惠互利、相得益彰，能够实现双方或多方的共同收益。合作才能发展，合作才能共赢，合作才能提高。在这个竞争十分激烈的市场经济时代和互联网时代，合作共赢更是时代的选择，很多事情的成功在于合作，合作也可凸显共赢，携手共进，合作共赢是"1+1"，但它不等于2，而是要大于2，合作可以使双方共克时艰，共赢商机，提振信心，共同发展。

中材建设有限公司和BUA集团建立了长期友好的战略合作关系，从水泥工厂的建设，到石灰石矿山的开采，到水泥工厂的生产运营，备品备件的供应，以及后续进行的炼油厂建设，都将使双方受益，推动尼日利亚工业化的发展。中材建设有限公司在尼日利亚的业务不仅有水泥工程，还有产业投资，在尼日利亚投资了金属彩石瓦厂和硅酸钙板厂，也进行了多元化项目的开拓以及贸易服务的探索。

中资企业在尼日利亚的发展也成果显著，在中国信用保险公司和中国进出口银行的保驾护航下，助力尼日利亚的基础设施建设。公路、铁路、航站楼、水电站、深水港、城铁等诸多项目的建设，不仅是"一带一路"倡议的务实合作，也是"互联互通"的走深走实。

174-190

Part III

Win-win cooperation and Prospects

Win-win cooperation means that both parties or partners can achieve mutual benefit in the process of completing a transaction activity or sharing a task. Only through cooperation can we develop, win-win and improve. In this era of market economy and Internet with fierce competition, win-win cooperation is the choice of the times. The success of many things lies in cooperation. Cooperation can also highlight win-win, and work together. Win-win cooperation is 1 + 1, but it is not equal to 2, but greater than 2. Cooperation can help both sides overcome difficulties, win-win business opportunities, boost confidence, and develop together.

CBMI Construction Co., Ltd. and BUA Group have established a long-term and friendly strategic cooperative relationship, from the construction of cement plant, to the exploitation of limestone mine, to the production and operation of cement plant, the supply of spare parts, and the subsequent construction of oil refinery, which will benefit both parties and promote the development of industrialization in Nigeria. CBMI Construction Co., Ltd. has not only cement engineering business in Nigeria, but also industrial investment. It has invested in metal stone coated roofing sheet plant and fiber cement board plant, and has also explored diversified projects and trade services.

The development of Chinese enterprises in Nigeria has also achieved remarkable results. Under the escort of China Credit Insurance Corporation and Export Import Bank of China, they have helped Nigeria's infrastructure construction. The construction of road, railway, terminal building, hydropower station, deep-water port, urban railway and many other projects, It is not only the practical cooperation of the "Belt and Road", but also the deepening and realizing of "interconnection".

第十一章 中材建设有限公司在尼日利亚的发展

Chapter 11 Development of CBMI Construction Co., LTD in Nigeria

第一节 水泥工程

中材建设有限公司自2008年进入尼日利亚市场以来，共新建了9条水泥生产线，开展了3个水泥技改项目，进行3条水泥生产线的生产线运营和1个石灰石矿山的运营，主要客户为拉法基霍尔希姆集团和BUA集团。总的营业收入约为19亿美元，折合人民币为120亿元。中材建设有限公司在尼日利亚水泥工程业务情况如表11-1所示。

中材建设有限公司在尼日利亚水泥工程业务情况表　　表11-1

序号	项目名称	业主名称	执行情况
1	EWK2线项目（5000TPD）	拉法基霍尔希姆集团	已取得FAC
2	UNICEM项目（6250TPD）	拉豪	已取得FAC
3	SOKOTO项目（3300TPD）	BUA集团	已取得FAC
4	EDO1线安装（6000TPD）	BUA集团	已取得FAC
5	EDO1线生产运营（6000TPD）	BUA集团	已执行完毕并续签
6	EDO1线矿山运营（6000TPD）	BUA集团	已执行完毕并续签
7	EDO2线及长皮带（6000TPD）	BUA集团	2019年5月转运营
8	SOKOTO生产运营（3300TPD）	BUA集团	在执行
9	EWE01煤磨改造	拉豪	已取得FAC
10	EDO1线+EDO2线运营（综合运营）	BUA集团	2019年1月续签
11	EDO矿山运营（综合运营）	BUA集团	2019年1月续签
12	SOKOTO3线建设（6000TPD）	BUA集团	在执行
13	SOKOTO3线（移山）	BUA集团	已完成
14	EWE01电收尘改袋收尘	拉豪	在执行
15	EDO3线（6000TPD）	BUA集团	在执行
16	SOKOTO4线（6000TPD）	BUA集团	在执行
17	KOGI(6000TPD)	MANGAL	在执行

图11-1 尼日利亚SOKOTO3300TPD水泥生产线总承包项目获国家优质工程奖证书

图11-2 尼日利亚EDO2线6000TPD水泥生产线总承包项目获国家优质工程奖证书

以上项目中，尼日利亚SOKOTO3300TPD水泥生产线总承包项目获得2018～2019年度国家优质工程奖，如图11-1；尼日利亚EDO2线6000TPD水泥生产线总承包项目获得2020～2021年度国家优质工程奖，如图11-2。

第二节 水泥工程及"水泥+"

中材建设有限公司和尼日利亚BUA集团的合作将持续进行下去，未来还将为BUA集团在尼日利亚再建4～6条日产6000t的水泥生产线，并且已经在和BUA集团合作，帮助其在尼日利亚进行3条水泥生产线的生产运营和1个石灰石矿山的开采，未来将有更多水泥生产线的运营合作。水泥工程的延伸"水泥+"，包括生产备品备件的供应，老的生产线的技改等。同时也积极寻求与当地其他水泥企业携手共进、共谋发展。

（一）积极推进"水泥工程+"服务连创佳绩

为深入践行公司13558战略，贯彻落实公司打造属地化支柱市场、区域经营中心的部署安排和目标要求，中材建设尼日利亚公司积极推进"水泥工程+"增值服务的业务拓展。凭借快速响应及精准服务，自2021年起，连续签约并实施了拉法基尼日利亚ASHAKA水泥厂1号和2号窑筒体更换工程（如图11-3）、EWEKORO水泥厂2号线三次风管更换工程，BUA集团EDO水泥厂2号线新增包装系统安装及钢结构制作等工程项目。

当前尼日利亚水泥销售市场火热，各业主对生产线持续高效运转要求迫切，减少检修维护及停窑时间对各水泥厂持续经营至关重要，受制于尼日利亚本土专业工程资源

图11-3　ASHAKA水泥厂回转窑更换筒体

的不足以及疫情导致国际资源调动困难等客观条件，各水泥厂改造维修难题长期无法解决，严重影响正常生产。拉法基尼日利亚公司以及BUA集团作为公司的长期战略客户，持续深度合作对公司发展经营意义重大，中材建设尼日利亚公司利用快速专业的服务迅速赢得了客户的认可。面对这类工期紧、难度大的工程项目，中材建设尼日利亚公司克服了施工资源紧张、疫情防控压力大等诸多困难，有效协同区域资源为客户排忧解难。为回报公司提供的优质服务，业主接受合同订单全部以美元支付，为公司实现工程服务带动奈拉回流探索出了一条切实有效的途径。

　　这一系列"水泥工程+"项目的签署和实施是属地化公司与公司市场部、生产服务部和项目经理部有效协同的成果，进一步提升了尼日利亚属地化公司在属地市场的经营力度、市场感知能力、应变能力和管控水平，助力公司围绕"EPC+"全面推动产业链优化升级，提升国际化经营水平。持续的工程订单有助于推动尼日利亚公司快速组建属地化公司的施工服务力量，加快形成尼日利亚属地化公司"水泥工程+"、多元工程、产业发展三足鼎立的业务态势，扩大属地化发展成果，助力公司可持续、高质量发展。

（二）"水泥工程+"项目优质履约获业主赞许

　　2021年11月3日，尼日利亚ASHAKA水泥厂2号回转窑筒体焊缝探伤全部合格（图11-4），一次性通过验收，交付业主进行筑炉作业，标志着2号回转窑筒体主体施

图11-4　ASHAKA水泥厂回转窑筒体超声波探伤检查

工圆满完成。

工程实施过程中，持续受到现场灰尘浓度大、施工人员不足、工厂电力供应不稳定等多重不利因素。项目组积极和业主沟通解决问题并优化施工方案，提高施工效率。项目组利用有限的施工人员实现了24h连续作业，科学无间断的高效轮转作业，创造了人均在岗作业时间纪录。

面对施工人员及机具双重受限的情况，项目组有效组织安全顺利地完成了2号旧窑拆除和新窑组对、焊接工作，标志着整个窑筒体更换工作的阶段性胜利。

ASHAKA水泥厂厂长Mr.Adamu Maaji先生及其管理团队对公司的高质量工作给予了充分肯定，感谢项目现场团队在特殊时期的坚守和辛勤付出，期望公司能够再接再厉，圆满完成后续1号回转窑筒体的更换工作，并表达了对后续技改工程持续合作的愿望及期待。

第三节　产业投资

在产业投资方面，公司按照集团"有限、相关、多元"的投资战略，产业投资方向侧重于相关建材产品。尼日利亚人口多，建筑市场规模和发展潜力大，由私人企业投资生产的瓷砖、玻璃、胶合板、PVC管、油漆已占据市场的主要份额并满足现阶段市场的需求。随着尼日利亚经济的复苏和发展，当地人有改善住宿条件的迫切愿望和潜在的巨大市场需求，因此在新型建筑材料等方面有很大的发展空间。

图11-5　FABCOM奥贡制造厂　　　　图11-6　屋面系统产品实验室

（一）金属彩石瓦

中材建设有限公司2015年时已在尼日利亚首都阿布贾的库捷工业区购买土地布局建筑材料的生产。公司主要投资建设了尼日利亚第一个生产屋面金属彩石瓦的FABCOM制造厂，年生产能力100万m²。2020年又在尼日利亚的南部奥贡州新建了FABCOM奥贡制造厂，年生产能力200万m²（图11-5）。"十四五"期间，中材建设有限公司将在尼日利亚扩大金属彩石瓦的产能，再新建年产600万m²金属彩石瓦的工厂，使其在尼日利亚的产能达到900万m²/年。

相较于尼日利亚以往常用屋面材料，我们生产的金属彩石瓦更加坚固耐用、降声降噪、施工简便。未来，我们将瞄准"高端化、智能化、绿色化、规模化"方向，为尼日利亚提供满足实际需求、支持当地基础设施发展的屋面系统集成服务。

在加强属地化公司建设、扩大产业发展的战略指引下公司建设了屋面系统产品实验室（图11-6）。实验室配备了先进的检测仪器设备，两名尼日利亚阿哈默杜·贝罗大学化工专业毕业的当地大学生担任实验员。屋面系统产品实验室不仅承担染砂制砂工艺的研发升级，还将从事FABCOM工厂原材料进厂及成品出厂前的质检工作，加强FABCOM工厂的质量管理建设，以过硬的产品质量和良好的用户口碑推动金属彩石瓦的品牌建设。

屋面系统产品实验室的投入使用，将有助于加快FABCOM作为行业引领者协助尼日利亚标准局金属彩石瓦行业标准的落地，将进一步消除尼日利亚金属彩石瓦建材市场鱼龙混杂、质量良莠不齐的乱象，使尼日利亚金属彩石瓦市场走向标准化、规范化的良性发展道路。

（二）硅酸钙板厂

中材建设有限公司于2019年开始在尼日利亚首都阿布贾的库捷工业区建设一条年

产500万m²的硅酸钙板生产线，主要生产6~20mm的硅酸钙板基板，产品主要用于工程建设中的装饰装修。"十四五"期间，中材建设有限公司将在尼日利亚最大的城市拉各斯再建两条年产500万m²的硅酸钙板生产线，如图11-7所示。以后会根据市场需求拓展产品种类，增设各种外部装饰的涂装板和内部装修用的吊顶板。

经过两年的努力，2021年年底投产运行、年产500万m²硅酸钙板生产线成功实现批量化生产。硅酸钙板生产线大批量的生产，不仅是对所有参与项目建设者这两年来顶着疫情施工、艰辛付出的真诚回赠，同时也标志着公司正式进入生产经营阶段。

项目自开工以来，公司全体员工与各兄弟单位及项目部齐心协力，不畏艰难，战疫情、争工期、有效组织施工，在确保安全、零事故的前提下，生产线成功批量化生产，充分展现了现场团队能打硬仗、敢想敢干的"铁军"精神和强大的创造力、执行力、战斗力。

中国建材尼日利亚新材料有限公司是中材节能（武汉）有限公司和中材建设有限公司于2020年成立的合资公司，公司位于尼日利亚首都阿布贾，是为落实推进国家"一带一路"及"国际产能合作"倡议的总体部署，落实集团发展战略，深化国际化运营，加快产能"走出去"步伐，布局的海外第一个硅酸钙板投资项目，产能为年产500万m²，如图11-8。硅酸钙板是一种绿色建筑的优良材料，具有防火（达到A₁级标准）、

图11-7　年产500万m²硅酸钙板生产线

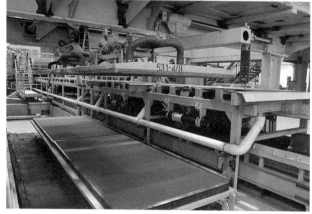

图11-8　正在生产的硅酸钙板生产线

保温隔热、防腐防蛀、防水防潮、隔声吸声、轻质高强、绿色无害等优越特性，比传统板材更加节能环保、抗震、抗冲击，可广泛用于房屋建筑内外墙保温装饰、吊顶以及船舱隔板、广告牌等领域，且设计安装可塑性强、省时省工。

生产线开始批量化生产，不仅增强了公司全体员工的信心、大大鼓舞了一线工人的士气，也为公司生产经营开门红起到了助推作用。做优、做强、做大硅酸钙板产业，将为今后推动尼日利亚建材制造业的快速发展作出更大贡献。

（三）获评"优秀在尼中资企业"和"合规经营在尼中资企业"

2021年，尼日利亚中国总商会举办了"中尼建交50周年第一届'优秀在尼中资企业'评选活动"。中材建设尼日利亚有限公司获评"优秀在尼中资企业"（图11-9）和"合规经营在尼中资企业"（图11-10），进一步彰显了尼日利亚公司良好的履约能力、

图11-9 "优秀在尼中资企业"奖牌　　　　　图11-10 "合规经营在尼中资企业"奖牌

行业自律和社会贡献。

"优秀在尼中资企业"评委会由驻尼使馆经商处，人民日报、新华社、中央广播电视总台、中央电视台等驻尼央媒和尼日利亚中国总商会秘书处组成。评委会对参加本次评选活动的80余家在尼中资企业进行了认真评选，经过对申报材料逐个详阅、讨论和投票，并充分考虑中尼建交50周年来中资企业为尼日利亚发展作出的突出贡献，最终全票选出了10家工程承包类"优秀中资企业"。

中材建设尼日利亚公司未来将继续围绕"水泥工程、多元工程、产业发展"三大主业，深入践行的"国际化、数字化、属地化、多元化、产业化"五化战略方向，不断深耕属地市场。

第四节　多元工程

在多元工程项目市场，国内的大型建筑企业和私营企业均在尼日利亚市场发展，还有德国、意大利、黎巴嫩、印度和本地的公司也参与其中，道路、桥梁等基建工程、民建工程、电力工程领域竞争激烈。公司以工业工程项目总承包的契机进入尼日利亚市场，经过13年的积累，在尼日利亚工业工程建设方面，SINOMA/CBMI树立了良好的品牌形象，在工业工程设计、采购、物流、施工管理、运营维护方面占有优势，在质量、安全、工期管理方面有着良好信誉，在一部分基建工程、工业工程业务上存在较大机遇。

公司在尼日利亚工程市场也面临着成本高、多元化项目技术储备不足的劣势，做好属地化、本土化经营是尼日利亚公司进一步发展的方向。ABUJA12使徒教堂网架结构如图11-11所示。

图11-11 ABUJA12使徒教堂网架结构

第十二章　中尼共建"一带一路"成果卓越

Chapter 12　China and Nigeria jointly build the "Belt and Road" with outstanding achievements

第一节　政策沟通

2018年9月5日，国家主席习近平在北京人民大会堂会见尼日利亚总统穆罕默杜·布哈里。中华人民共和国政府与尼日利亚联邦共和国政府签署了《关于共同推进丝绸之路经济带和21世纪海上丝绸之路建设的谅解备忘录》。

驻尼中国使馆积极响应国家主席习近平的号召，与尼日利亚政府广泛对接。在2021年中尼建交50周年之际，驻尼中国使馆组织举办了"迎中秋庆国庆"中尼文化周活动，如图12-1所示。活动在尼日利亚首都阿布贾中国文化中心揭幕，中材建设尼日利亚公司受邀参加了活动启动仪式。

在启动仪式上，驻尼使馆还表彰了在2021年为中尼携手抗疫、复工复产等方面做出突出贡献、工作表现优异的在尼中资企业当地员工。中材建设尼日利亚公司人力资源主管Henshaw Obiageri Clementina（图12-2）和项目经理部会计Abdulyekeen

图12-1　"迎中秋庆国庆"中尼文化周活动启动仪式

图12-2　优秀抗疫员工Henshaw Obiageri Clementina及其获得的奖牌

Sikiru Adekunle获此殊荣，驻尼大使和尼日利亚信息与文化部常务秘书共同为获奖员工颁发了2021年度"十一"奖牌。该奖项充分肯定了我公司与当地民众携手前行、共抗疫情，以及推进中尼民间友好做出的贡献。

此次"中尼文化周"活动除了展示中尼共建"一带一路"的合作成果外，还将举办中尼文化图片展、摄影和短视频作品比赛、中国书法竞赛以及中尼电影周等活动。

第二节　设施联通

中国的很多企业在尼日利亚都设有分公司，因为尼日利亚在非洲是人口第一大国，基础设施相对落后，来尼日利亚开展投资合作和工程承包有很多的机会。其中有代表性的两家公司1980年代开始就进入尼日利亚承接打井工程和其他工程业务，分别是中地海外尼日利亚有限公司和中土尼日利亚公司。中地海外集团在尼日利亚的主要工程领域为公路、供水、房建。中土集团在尼日利亚的主要工程领域为机场航站楼、铁路、城市轨道交通、公路。中资企业为尼日利亚实施了一大批重要项目，如阿卡铁路项目、拉伊铁路项目、阿布贾城铁项目、纳姆迪·阿齐克韦国际机场新航站楼项目、哈科特港机场航站楼项目、拉各斯轻轨项目、凯菲公路项目、莱基深水港项目、丹格特炼化项目等。

中国水电建设集团在尼日利亚尼日尔州开发的700MW水电站正在蓄水发电，未来还会由中国葛洲坝集团、中国水电建设集团、中地海外集团共同在尼日利亚的塔拉巴州开发建设3050MW水电站。

自2008年以来，尼日利亚新建的16条水泥生产线全部由中材国际工程股份有限公司下级公司建设完成，部分生产线已接手运营。阿布贾城铁如图12-3所示，建设中的尼日利亚宗格鲁（ZUNGERU）700MW水电站如图12-4所示。

图12-3　阿布贾城铁
资料来源：中土尼日利亚公司

图12-4　建设中的尼日利亚宗格鲁（ZUNGERU）700MW水电站
资料来源：中国电建

第三节　民心相通

（一）组织云开放活动

为了增进当地民众对中国公司的了解，尼日利亚公司组织了中国建材集团"云开放"活动（图12-5），邀请员工家属和当地民众，到工厂参观，增进相互了解。随着公司在周边知名度越来越高，越来越多的当地人想来学习和工作，成为一名出色的技术工人。

公司的主要产品硅酸钙板、锌、钢结构、管道和涂层石材等，需要专业的技术工人来完成各项产品的生产。由于当地员工未接受过相关能力和技术培训，这类工作对于当地员工来说是不小的挑战。

为了提升当地员工能力、培养专业技能，公司对招聘来的当地员工统一进行了焊接、电工和其他技能的培训，然后根据员工的不同特点及未来职业发展规划进行分类，在分类加强实践的基础上搭配更为专精的再培训，助力当地员工发挥特长、快速成长为合格的技术工人，为自己的人生增色添彩。

图12-5　中国建材集团"云开放"活动

图12-6　舞狮表演
资料来源：尼日利亚中国文化中心

（二）中尼政府间组织的民众沟通

从大的环境来讲，中国政府为尼日利亚援建了中尼友谊学校。在拉各斯大学孔子学院和纳姆迪·阿齐克韦大学孔子学院开设汉语课和太极课。每年春节在尼日利亚中国文化中心举行"欢乐春节"庙会，中尼人民欢聚一堂，载歌载舞，共度新春佳节。舞狮表演如图12-6所示。

"万村通"项目是2015年中非合作论坛约翰内斯堡峰会提出的中非人文领域合作举措之一，旨在为非洲国家的一万个村庄接入卫星数字电视信号，促进当地信息化。这一项目由中国的四达时代集团承建。2019年10月，最大的"万村通"工程在尼日利亚竣工，覆盖了尼日利亚全部36个州及1个首都区，774个地方政府中有772个受援，惠及村庄1000个，受益家庭达2.3万户。

第四节　贸易畅通

近年来，中国和尼日利亚双向投资发展迅速。据中国商务部统计，2019年中国对尼日利亚直接投资流量1.23亿美元；截至2019年底，中国对尼日利亚直接投资存量为21.94亿美元。

中国在尼日利亚建有拉各斯莱基自由贸易区和奥贡广东自由贸易区两个合作区，经中国和尼日利亚双方共同努力，两个自贸区已初具规模，现有从业人员近5000人，间接创造就业岗位数万个，主要涉及建材、陶瓷、家具、五金、医药、电子、食品及饮料加工、农副产品加工、包装印刷材料、汽配机电产品、轻工产品等行业。截至2020年一季度，两自贸区累计投资额已超8.5亿美元。

中尼两国自1971年2月正式建立外交关系以来，双边关系长期友好，高访频繁，经贸合作不断取得新的进展。近年来，随着中尼两国友好关系的不断巩固，双边经贸合作取得丰硕成果，贸易规模迅速扩大，尼日利亚是中国在非洲的第一大出口市场、第二大贸易伙伴。2019年，尼日利亚继续保持中国在非洲第三大贸易伙伴的地位，前两位分别为南非（双边贸易额424.7亿美元）和安哥拉（双边贸易额257.1亿美元）；尼日利亚已经超越南非，成为中国在非洲第一大出口市场，南非位居第二。中资企业投资建设的尼日利亚莱基自贸区如图12-7所示。

尼日利亚是非洲最大经济体，也是中国"一带一路"上的亲密伙伴。我们深耕尼日利亚十四载，并以尼日利亚为中心辐射周边，缔造精品工程20余个，足迹遍布10个非洲国家。我们追求稳健发展，投资、建设和运营多项精品项目，为尼日利亚利益相关方贡献长期价值；坚持绿色运营，致力于打破基础建材行业高耗能、高污染的传统印象，构建行业绿色生态，追求绿色低碳发展；重视属地化运营，培养本地员工尊重多元文化背景，为员工价值提升和实现提供宝贵平台；珍视伙伴关系，遵守当地地方性法规，顺应市场规则，优化产能合作，创新合作模式，追求互利共赢；关注社区发展，积极参与公益慈善事业和社区建设，发挥专业优势解决问题、提升福祉，与当地社区和居民共建和谐关系。

未来，我们将继续推动在尼日利亚业务的高质量发展，为当地民生改善、经济社会可持续发展添续新力，助推"一带一路"建设。

图12-7　中资企业投资建设的尼日利亚莱基自贸区

参考文献

[1] 韩飞，等.国际工程风险管控[M].北京：中国建筑工业出版社，2018.

[2] 中国驻尼日利亚大使馆经商处李元等，对外投资合作国别（地区）指南尼日利亚（2020年版）。

图书在版编目（CIP）数据

水泥"尼好"：尼日利亚 EDO2 水泥生产线建设项目 =
Hello to Nigeria from Cement Plant : Nigeria EDO2
Cement Production Line Project / 李明，荣亚坤主编
. —北京：中国建筑工业出版社，2023.8
（"一带一路"上的中国建造丛书）
ISBN 978-7-112-28922-6

Ⅰ.①水… Ⅱ.①李… ②荣… Ⅲ.①水泥—自动生
产线—对外承包—国际承包工程—工程设计—中国 Ⅳ.
① TQ172.6

中国国家版本馆CIP数据核字（2023）第130980号

丛书策划：咸大庆　高延伟　李　明　李　慧
责任编辑：李　杰　李　慧
责任校对：张辰双

"一带一路"上的中国建造丛书
China-built Projects along the Belt and Road
水泥"尼好"—— 尼日利亚EDO2水泥生产线建设项目
Hello to Nigeria from Cement Plant：
Nigeria EDO2 Cement Production Line Project

李　明　荣亚坤　主编
*
中国建筑工业出版社出版、发行（北京海淀三里河路9号）
各地新华书店、建筑书店经销
北京海视强森文化传媒有限公司制版
临西县阅读时光印刷有限公司印刷
*
开本：787毫米 × 1092毫米　1/16　印张：12　字数：234千字
2023年10月第一版　2023年10月第一次印刷
定价：**79.00**元
ISBN 978-7-112-28922-6
（40827）